Nahla Naguib

Cianodiversidade em Habitats Ecológicos Distintos em APs no Egito

Nahla Naguib

Cianodiversidade em Habitats Ecológicos Distintos em APs no Egito

ScienciaScripts

Imprint

Cover image: www.ingimage.com

This book is a translation from the original published under ISBN 978-620-2-30105-3.

Publisher:
Sciencia Scripts
is a trademark of
Dodo Books Indian Ocean Ltd. and OmniScriptum S.R.L publishing group

120 High Road, East Finchley, London, N2 9ED, United Kingdom
Str. Armeneasca 28/1, office 1, Chisinau MD-2012, Republic of Moldova, Europe
Managing Directors: Ieva Konstantinova, Victoria Ursu
info@omniscriptum.com

Printed at: see last page
ISBN: 978-620-8-40147-4

ÍNDICE

Resumo executivo

As cianobactérias constituem um grupo versátil de bactérias fotossintéticas de imensa importância medicinal, comercial e ecológica, com potenciais utilizações na biogestão de efluentes industriais, especialmente com elevada concentração de metais pesados. O principal objetivo deste estudo é descobrir a diversidade de espécies de cianobactérias em 6 AP no Egito, que não só diferem nos seus tipos de habitat aquático, mas também geograficamente, *por exemplo,* Ashtum El-gamil, Saluga & Ghazal, Wadi Elgemal, Abu galum, Qaroun, Wadi El-Rayan e a ilha de Dahab como um dos protectorados das ilhas do rio Nilo. Estes protectorados representam três habitats diferentes: marinho, água doce e salobra. Foram identificados os parâmetros físicos, os poluentes químicos e os poluentes microbiológicos. Foram identificadas 48 espécies de cianobactérias, pertencentes a 4 ordens, 11 famílias e 16 géneros. As espécies mais comuns presentes em pelo menos 4 protectorados foram *Gomphosphaeria aponina, Merismopedia punctata, Merismopedia tenuissima, Microcystis aeruginosa* e *Microcystis flos - aquae.* Foram detectadas espécies alinhadas com apenas um tipo de habitats e 12 isolados pertenciam a esta categoria. *Aphanocapsa koordersi, Gloeocapsa decorticans, Oscillatoria claricentrosa, Oscillatoria foreoui, Oscillatoria okeni, Phormidium fragile, Myxosarcina burmensis* e *Phormidium angustissimum* foram registados nos protectorados de Wadi El-Rayan. Entretanto, *Nostoc sp., Oscillatoria sp.* e *Spirulina sp.* foram registados apenas em Ashtum Elgamil; e *Anabaena sp.* no protetorado de Wadi Elgemal. A análise molecular RAPD foi realizada para mostrar a relação filogenética entre 6 isolados de cianobactérias dominantes que reflectem diferentes antecedentes ecológicos de onde cada um foi isolado. As elevadas percentagens de polimorfismo reflectem o efeito dos habitats sobre estes isolados e explicam por que razão estes isolados podem ser morfologicamente semelhantes mas geneticamente distintos. Através do rastreio da área de distribuição das cianobactérias para os 48 isolados e nos últimos dez anos no Egito, foram atribuídos 912 registos de cianobactérias no ArcMap por técnicas de SIG para ver a área de distribuição dessas espécies nos últimos 10 anos e a diversidade de espécies de cianobactérias no habitat marinho é maior do que no fresco ou salobro. Por fim, verificou-se que *Anabaena, Aphanocapsa, Chroococcus, Lyngbya, Merismopedia, Microcystis, Nostoc, Oscillatoria* e *Spirulina* podem ter um papel na biogestão de Cr, Cu, Fe, Zn, Mn, Hg, Cd, Ni e Pb. O processo de biogestão prioritário para as espécies nativas que foram registadas na área de poluição.

Este estudo foi realizado no Setor de Conservação da Natureza (Protectorados), Agência Egípcia para os Assuntos Ambientais , Ministério do Ambiente, em cooperação com o Departamento de Microbiologia da Faculdade de Agricultura da Universidade do Cairo.

CAPÍTULO 1. INTRODUÇÃO

As cianobactérias constituem um grupo versátil de bactérias fotossintéticas (Olson, 2006 e Jacquet *et al.,* 2013), razão pela qual contribuem significativamente para a ecologia global e o ciclo do oxigénio (Lane, 2010). São conhecidos por serem os fósseis mais antigos da Terra, com mais de 3,5 mil milhões de anos. Os estromatólitos fornecem os registos mais antigos da Terra que foram deixados pelas cianobactérias (Whitton & Potts, 2002 e Lane, 2010).

Foram realizadas várias investigações e estudos em todo o mundo para descobrir a diversidade de cianobactérias, a fim de cumprir os três principais objectivos da Convenção sobre a Diversidade Biológica (CBD). Estes objectivos são 1) a conservação da diversidade biológica, 2) a utilização sustentável da componente da diversidade biológica, 3) a partilha justa e equitativa dos benefícios resultantes da utilização dos recursos genéticos. Ao abordar a diversidade das cianobactérias, cada país pode conhecer o seu próprio património natural, mesmo que se trate de uma bactéria. Foram criadas muitas bases de dados a nível mundial para reunir todas as informações e dados sobre cianobactérias, tais como CyanoDB, WoRMS, algaebase e outras. O seu objetivo é registar todas as espécies, mesmo que se trate de cianobactérias ou não, e fornecer informações completas sobre as mesmas, desde a taxonomia até à distribuição e análise genética, se existirem, em cooperação com o Life watch, o Catalogue of Life, a Encyclopedia of Life e o Global Biodiversity Information Facility. Todas estas organizações, programas e iniciativas têm um determinado objetivo que é fornecer toda a informação sobre cada espécie descoberta, o que consequentemente ajuda a implementar alguns dos objectivos da Convenção sobre a Diversidade Biológica (CBD).

Para determinar a diversidade a nível genético, foram investigadas as caracterizações moleculares de diferentes espécies de cianobactérias. Genomas completos sequenciados para 349 projectos de montagem foram fornecidos pelo National Center for Biotechnlogy Information (National Center for Biotechnlogy Information, 2015).

No Egito, os cientistas começam a abordar a diversidade de espécies de cianobactérias desde há décadas, como Mohammed (2002), Hamed (2005), Hamed *et al.* (2007), Shehata *et al.* (2008), Hamed (2008), Abd El-Hady *et al.* (2012) e Naguib *et al.* (2014). No entanto, a presença de novas tecnologias, como os sistemas de informação geográfica e a deteção remota (Hamed *et al.,* 2007), facilita a previsão das tendências de distribuição das espécies de cianobactérias e do tipo de habitats e da área geográfica que podem afetar a presença de determinadas espécies. Também é utilizado na previsão da floração e da sua quantidade, como fizeram Hamed *et al.* (2007).

O Sistema de Informação Geográfica é uma ferramenta para prever localizações e fornece informações sobre o estado atual de uma determinada espécie, *ou seja,* se já não existe e em que habitats, se está a aumentar em número e localização. Assim, dá-nos uma visão completa de cada espécie e ajuda os cientistas que se ocupam da biodiversidade e da conservação a adotar programas para manter e conservar as espécies e melhorar a utilização sustentável de cada uma delas.

O ecossistema é definido como a interação entre componentes bióticos como plantas, animais e micróbios com componentes abióticos como o ar, a água e o solo mineral, num espaço específico e limitado. Assim, conhecer a diversidade das cianobactérias não só ajudará a conservar a própria cianobactéria, como também dará uma ideia das outras espécies que a acompanham e interagem com ela no ecossistema.

Por conseguinte, o presente estudo foi realizado para dar resposta ao seguinte objetivo principal e, assim, foram definidos mais três alvos para atingir esse objetivo:

1- Identificar a poluição química e microbiológica.

2- Identificação da diversidade de cianobactérias em alguns protectorados egípcios distinguidos pelas suas diferentes caraterísticas ecológicas aquáticas,

a. Isolamento, purificação e identificação de espécies dominantes de cianobactérias,

b. Relação filogenética dos isolados de cianobactérias nas áreas protegidas em estudo,

c. Distribuição geográfica das cianobactérias nos últimos dez anos no Egito.

3- Biogestão da poluição abiótica.

CAPÍTULO 2. REVISÃO DA LITERATURA

A palavra "biodiversidade" é uma contração de diversidade biológica. É mais frequentemente utilizada para substituir os termos mais claramente definidos e há muito estabelecidos, diversidade e riqueza de espécies. Os biólogos definem mais frequentemente a biodiversidade como "a variedade de formas de vida na Terra a todos os níveis dos sistemas biológicos, *ou seja,* genético, população de organismos, espécies e ecossistema (Gaston, 2010).

Os protectorados são uma ferramenta fundamental utilizada em todo o mundo para proteger os recursos naturais devido aos seus reconhecidos valores naturais, ecológicos e/ou culturais, criando um amortecedor e um refúgio contra uma maré crescente de impactos humanos (Dudley, 2008). Funcionam como pontos de referência para a compreensão das interações humanas com o mundo natural (Mora e Sale, 2011). A primeira reserva natural da história moderna é o parque nacional de Yellowstone, nos EUA, criado em 1872 (Roop e Whittlesey, 2013). Existem mais de 161 000 protectorados no mundo, aos quais se juntam mais diariamente, representando entre 10 e 15 por cento da superfície terrestre mundial (IUCN, 2010; Soutullo, 2010; Nações Unidas, 2010 e Uunited Nations, 2013). A conservação dos ecossistemas críticos e da biodiversidade é exigida por convenções regionais e internacionais.

A Convenção sobre a Diversidade Biológica (CDB) obriga o Egito, desde a sua assinatura em 1992, a estabelecer e manter uma rede de áreas protegidas para proteger e conservar ecossistemas, habitats representativos, espécies ameaçadas, sítios do património cultural e conhecimentos tradicionais. Até 2020, a rede de zonas protegidas do Egito deverá cobrir 17% da superfície terrestre total do país (Setor da Conservação da Natureza, 2006).

As cianobactérias são procariotas fotossintéticos que possuem a capacidade de sintetizar a clorofila a; também se caracterizam pela sua capacidade de formar o pigmento ficobilina, ficocianina e carotenóides. A elevada concentração deste pigmento ocorre em determinadas condições, o que leva à cor azulada dos organismos e, por conseguinte, aos dois nomes pelos quais os organismos são vulgarmente conhecidos, cianobactérias ou algas verde-azuladas (Whitton e Potts, 2002).

Todas as cianobactérias realizam a fotossíntese oxigenada, mas algumas espécies de cianobactérias podem passar para a fotossíntese bacteriana típica, utilizando o sulfureto como dador de electrões (Cohen *et al.,* 1986). São formas de vida relativamente simples e primitivas, estreitamente relacionadas com as bactérias e não devem ser confundidas com as verdadeiras algas (Codd, 1995). Em condições anóxicas e no escuro, as cianobactérias efectuam a fermentação (Stal, 1997). Algumas cianobactérias formam heterocistos e têm a capacidade de fixar o azoto atmosférico (Capone *et al.*, 2005).

As cianobactérias constituem um grupo versátil de bactérias fotossintéticas de grande importância comercial e ecológica (Olson, 2006 e Jacquet *et al.*, 2013). Parecem ser uma fonte rica de muitos produtos úteis e são conhecidas por produzirem uma série de compostos bioactivos. São também uma fonte rica de muitos produtos naturais úteis, pelo que eram utilizados como alimentos para animais e fertilizantes. Têm a particularidade de serem os fósseis mais antigos conhecidos, com mais de 3,5 mil milhões de anos. Podem ocorrer como células planctónicas ou formar biofilmes fototróficos em ambientes marinhos e de água doce. Alguns são endossimbiontes de líquenes, plantas e várias esponjas e fornecem energia ao hospedeiro (Whitton e Potts, 2002).

Recentemente, as cianobactérias ganharam muita atenção devido às suas potenciais aplicações em biotecnologia. Foi identificada como uma fonte rica de compostos biologicamente activos com agentes imunossupressores (Koehn *et al.*, 1992), o que abriu um novo horizonte para a descoberta de novos medicamentos, anticancerígenos (Gerwick *et al.*, 1994), antivirais (Patterson *et al* 1994), antifúngicos (Kajiyama *et al.*, 1998), antiplasmódicos (Papendorf *et al.*, 1998), algicidas (Papke *et al.*, 1997) e antibacterianos (Jaki *et al.*, 2000).

Verificou-se que várias espécies de cianobactérias acumulam intracelularmente polihidroxialcanoatos, cujas propriedades são comparáveis às do polietileno e do polipropileno e que podem ser utilizados como substitutos de plásticos não biodegradáveis de origem petroquímica (Steinbüchel *et al.*, 1997).

Estudos recentes mostraram que os locais poluídos por petróleo são ricos em consórcios de cianobactérias capazes de degradar os componentes do petróleo. As cianobactérias destes consórcios facilitam os processos de degradação, fornecendo às bactérias quimiotróficas associadas que degradam o petróleo o oxigénio, os compostos orgânicos e o azoto fixo necessários e podem ser efetivamente utilizadas para limpar sedimentos e águas residuais contaminados com petróleo (Abed e Köster, 2005).

Enquanto os micróbios desempenham papéis fundamentais na biosfera, nomeadamente no domínio da biotransformação e do ciclo biogeoquímico, as cianobactérias têm geralmente maior importância nos meios aquáticos (Gadd, 2010).

As cianobactérias têm um papel notável no processo de transformação dos biominerais. Uma porção significativa do carbonato insolúvel à superfície da Terra é de origem biogénica, onde tapetes de cianobactérias podem depositar carbonato de cálcio associado a estromatólitos, bem como actividades de fotossíntese de cianobactérias, onde o carbonato de cálcio associado ao travertino (um calcário poroso) e crostas e nódulos de carbonato lacustre podem resultar da fotossíntese de cianobactérias em ambientes de água doce (Gadd, 2010).

Uma das adaptações mais notáveis das cianobactérias para a exploração do ambiente terrestre é a formação de parcerias mutualistas com plantas (líquenes) para fornecer carbono ou azoto às plantas, o que é conhecido como fotobionte.

As cianobactérias desempenham um papel significativo nas interações mineral-micróbio. As superfícies externas das rochas são um complexo que inclui cianobactérias (Scheerer *et al.*, 2009) e que pode crescer à superfície (epilítico), em habitats mais protegidos, como fendas e fissuras (abismolítico), ou pode penetrar alguns milímetros ou mesmo centímetros no sistema de poros da rocha (endolítico). A colonização microbiana é geralmente iniciada por cianobactérias e algas fototróficas, geralmente num biofilme, provavelmente seguida por líquenes e depois por heterótrofos gerais (Hoppert *et al.*, 2004).

Com o aumento da urbanização e da industrialização, a poluição das águas e os problemas ambientais têm dado origem a descargas de efluentes industriais, bem como a derrames de produtos químicos, a esgotos domésticos e à utilização de pesticidas, que constituem a principal causa da poluição ambiental.

Recentemente, as espécies de cianobactérias têm potenciais utilizações na biorremediação de efluentes industriais. Dubey *et al.* (2011) e Kotteswari *et al.* (2012) investigaram o potencial de degradação e biorremediação de efluentes industriais por espécies de cianobactérias, tais como *Oscillatoria* sp., *Synechococcus* sp., *Nodularia* sp., *Nostoc* sp. *e Cyanothece* sp. com elevadas percentagens de eficiência de remoção e os resultados indicam o potencial dos recursos naturais como agentes eficientes para o controlo da poluição. Enquanto Dominic *et al.* (2009) fizeram uma tentativa usando *Synechocystis salina* e *Gloeocapsa gelatinosa*, que tiveram um grande papel na biogestão para reduzir a carga de nutrientes da água poluída industrialmente.

O hidrogénio das cianobactérias tem sido considerado uma fonte muito promissora de energia alternativa, estando agora disponível comercialmente. Para além destas aplicações, as cianobactérias são também utilizadas na aquicultura, no tratamento de águas residuais, na alimentação, em fertilizantes, na produção de metabolitos secundários, incluindo exopolissacarídeos, vitaminas, toxinas, enzimas e produtos farmacêuticos (Bhadury *et al.*, 2004; Dahms *et al.*, 2006 e Abed *et al.*, 2008).

1. Classificação das cianobactérias

Existem duas abordagens taxonómicas paralelas para as cianobactérias. A abordagem botânica tradicional Cyanophyaceae, publicada em 1932 (Geitler, 1925). A classificação de Geilter baseava-se em investigações morfológicas de amostras colhidas na natureza, enquanto a taxonomia bacteriológica de Stanier e Cohen-Bazire, 1977; Rippka *et al.*, 1979; Rippka, 1988; e Witton & Potts, 2002, que se tem vindo a desenvolver desde 1971, se baseia maioritariamente na investigação fisiológica e morfológica de culturas axénicas e clonais. A taxonomia bacteriológica foi resumida no Manual de Bacteriologia Sistemática de Bergey (Garrity *et al.*, 2004) e dividiu a classe única Cyanobacteria em cinco subsecções.

2. Cianodiversidade em todo o mundo

a. Diversidade de cianobactérias em África

Em África, o Lago Vitória tem registado um aumento constante dos seus nutrientes e da concentração de fitoplâncton durante muitas décadas. As condições ambientais no Lago Vitória favorecem a dominância de cianobactérias fixadoras de nitrogénio.

Em Marrocos, a investigação sobre a ecologia, a biodiversidade e a toxicologia das cianobactérias nas águas interiores tem sido realizada desde 1994 e actualizada em 2006 (Douma *et al.*, 2009). Durante o período de estudo (2003-2006) foram registados quase 377 taxa de cianobactérias (Douma *et al.*, 2004); pertenciam a 3 ordens, 14 famílias e 46 géneros, (Douma *et al.*, 2009). Entre estes, cerca de 78 (26% do total de taxa) taxa foram registados pela primeira vez em Marrocos e pertenciam a 31 géneros diferentes, (Douma *et al.*, 2009). Douma definiu que 54% dos novos taxa inventariados se encontram entre os 8 géneros dominantes que são: *Phormidium, Lyngbya, Leptolyngbya, Pseudanabaena, Geitlerinema, Gloecapsopsis*, *Oscillatoria*, *Synechocystis.*

O projeto de investigação internacional MELMARINA investigou a dinâmica sazonal das comunidades de plâncton em três lagoas costeiras do Norte de África (Merja Zerga, Marrocos; Ghar El Melh, Tunísia; e Lago Manzala, Egito), de julho de 2003 a setembro de 2004

(Ramdani *et al.*, 2009). Foi reproduzido que todas as cianobactérias recolhidas, incluindo florescências naturais, tapetes e estirpes cultivadas, mostraram a diversidade crescente de cianobactérias (Douma *et al.*, 2004). O fitoplâncton em Merja Zerga, Marrocos, mostrou uma predominância quase permanente de diatomáceas marinhas na estação de mar aberto e no canal de entrada marinho. Os dinoflagelados eram abundantes no verão e no início do outono na enseada marinha e estendiam-se à estação da lagoa central, (Ramdani *et al.*, 2009). Em Ghar El Melh, Tunísia; espécies marinhas (especialmente diatomáceas e dinoflagelados) dominaram apesar de influxos ocasionais de água doce no inverno, (Ramdani *et al.*, 2009). No lago El- Manzala, Egito; as espécies de água doce predominaram geralmente e as comunidades planctónicas eram comparativamente muito diversas, (Ramdani *et al.*, 2009).

No Egito, foram realizados muitos trabalhos de 1995 a 2012 (Mohamed, 2002; Hamed, 2005; Hamed *et al.*, 2007; Hamed, 2008; Shehata *et al.*, 2008; Abd El-Hady & Hussian, 2012 e Hoballah *et al*, 2012) onde, segundo o levantamento qualitativo, os habitats de água doce foram os mais produtivos para as algas azuis-verdes, com 37 espécies registadas, seguidos pelos habitats aquáticos marinhos (23 taxa), hipersalinos (12 taxa) e salobros (11 taxa). Os taxa amplamente distribuídos que habitam os quatro tipos de habitats aquáticos foram representados por membros das seguintes espécies: *Ammatoidea, Anabaena, Aphanocapsa, Calothrix, Chlorogloea, Chroococcus, Cyanobacterium, Cyanosarcina, Cyanothece, Cylindrospermum, Dactylococcopsis, Dichothrix, Entophysalis, Geitlerinema, Gloeocapsa, Gomphosphaeria, Heteroleibleinia, Homoeothrix, Hydrococcus, Jaaginema, Johannesbaptistia, Komvophoron, Leibleinia, Leptolyngbya, Lyngbya, Merismopedia, Microcystis, Nodularia, Nostoc, Oscillatoria, Phormidium, Planktolyngbya, Planktothrix, Plectonema, Porphyrosiphon, Pseudanabaena, Rhabdoderma, Spirulina, Synechococcus, Synechocystis*. Um grande número de taxa foi frequentemente distribuído dentro dos intervalos de habitats de água doce-salobra-marinha, por um lado, e de habitats de água doce-marinha hipersilenciosa, por outro.

Shehata *et al.* (2008) indicaram que a água do rio Nilo apresentava várias estruturas de fitoplâncton pertencentes a três grupos principais, *por exemplo*, Chlorophyceae (algas verdes), Cyanophyceae (algas azuis-verdes) e Bacillariophyceae (diatomáceas). Pode ser demonstrado que as algas verdes e as diatomáceas estiveram presentes ao longo de todo o período de análise, com 22 e 24 espécies, respetivamente, enquanto as algas azuis-verdes estiveram presentes durante o ano 2000-2001 com um número reduzido de espécies, apenas

7 espécies.

Tem sido frequentemente observado que os canais de irrigação no Egito que contêm *Spirogyra* estão cobertos com florescimentos de *Oscillatoria* durante a época de verão. Este fator biótico deve ser tido em consideração quando se registam florescimentos de cianobactérias em massas de água doce (Mohammed, 2002).

Foram estudadas as variações regionais e sazonais das assembleias de fitoplâncton no canal de Ismailia (Abd El-Hady e Hussian, 2012). Vinte e cinco taxa de cianofíceas constituíram apenas 6,5% da cultura total de fitoplâncton e foram dominados por 5 espécies do total de 25 taxa *(Aphanocapsa elachista ver. conferta, Lyngbya limnetica, Merismopedia punctata, Microcystis aeruginosa* e *Phormidium interruptum).* Constituem cerca de 64,8% da densidade total de algas verdes azuis e estão correlacionadas com o fitoplâncton total (Abd El-Hady e Hussian, 2012).

Foi efectuado um levantamento florístico de algas azuis-verdes / cianobactérias em lagos da região de Wadi El-Natrun utilizando a deteção remota. Foi identificado um total de 86 taxa de cianobactérias, entre espécies e variedades (Hamed *et al.,* 2007). Hamed (2005) relatou uma informação atual de 290 taxa, pertencentes a 51 géneros de 9 famílias e 4 ordens. Todos os taxa são cosmopolitas e o principal elemento da flora pertence à família *Oscillatoriaceae* e, em particular, foram registadas sessenta e uma espécies e variedades do género *Oscillatoria.* A análise das obras de referência mostrou que os biótipos de algumas localidades geográficas (Delta do Nilo, Vale do Nilo e Sul do Sinai) foram objeto de uma atenção superficial para estudos algológicos intensivos em comparação com os biótipos de outras localidades.

No Gana, a diversidade de cianobactérias e a biomassa dos reservatórios de Weija, Kpong, Owabi e Barekese, nas áreas metropolitanas de Accra e Kumasi, foram monitorizadas de janeiro a junho de 2006. Os resultados mostraram que os reservatórios eram dominados por nanocianobactérias. O reservatório de Weija foi o mais diversificado em termos de espécies de cianobactérias, dominado pela nanocianobactéria *Aphanocapsa nubilum*, acompanhada por *Merismopedia tenuissima, Planktolyngbya minor* e *Pseudanabaena reta.* A albufeira de Kpong foi dominada por *Geitlerinema unigranulatum,* enquanto as albufeiras de Owabi e Barekese, ambas situadas na região de floresta fechada do Gana, com elevada pluviosidade e atividade humana, foram dominadas pela nanocianobactéria *Cyanogranis ferruginea*, nova para o Gana e para toda a África tropical (Addico *et al.*, 2009).

b. **Diversidade de cianobactérias na Ásia**

Na Arábia Saudita, as espécies de cianobactérias presentes nas macrófitas submersas da lagoa de Tanumah são as mais representativas: *Anahaena constricta*, *Aphanocapsa delicatissima*, *Chroococccus turgidus*, *C. Minitus*, *Leptolyngbya boryana*, *Lygbya birgei*, *Merismopedia temuissima*, *Nostoc punctiforme*, *Oscillatoria limmnetica,* e *Pseudanabaena limnetica* (Mohamed e Al Shehri, 2010).

Na Índia, foi estudada a biodiversidade de microalgas e cianobactérias de diferentes massas de água doce de Jodhpur, Rajasthan (Índia), tendo sido comparadas as suas variações em termos de índices físico-químicos e de diversidade. No total, foram observadas oitenta e quatro formas em apenas vinte e cinco amostras recolhidas em sete massas de água. Havia 26 algas verdes pertencentes a 16 géneros, 9 morfotipos de diatomáceas e 48 morfotipos de 13 géneros de cianobactérias. Makandar e Bhatngar (2010) indicaram que a diversidade genérica era elevada nas algas verdes, mas a diversidade morfotípica nas cianobactérias.

As zonas húmidas costeiras indianas são fisiologicamente únicas em relação aos ambientes de água doce e marinha. Foram estudadas a abundância e a diversidade de cianobactérias das zonas húmidas costeiras do distrito de Kanyakunari (Tamil Nadu) (Sivakumar *et al.*, 2012). Foram identificadas 17 cianobactérias morfologicamente diferentes através de exames microscópicos e processos dependentes da cultura (Sivakumar *et al.*, 2012). Cianobactérias unicelulares e filamentosas como *Microcystis flos-aquae, Microcystis lamelliformis, Gloeocapsa* sp, *Aphanocapsa* sp, *Aphanothece* sp e *Synechocystis* sp. *Oscillatoria earlei*, *Oscillatoria pseudogeminata*, *Oscillatoria tenuis*, *Oscillatoria amoena*, *Phormidium fragile*, *Phormidium retzii*, *Phormidium* sp, *Lyngbya* sp, *Symploca* sp. *Microchaete* sp. e *Spirulina subtilissima* (Sivakumar *et al.*, 2012). Além disso, em Nova Deli, foram determinados *Nostoc* sp., *Anabaena* e *Calothrix* (Narayan *et al.*, 2006).

Na costa sudeste da Índia, de Vedharnyam a Mandapam, foram identificadas 61 espécies pertencentes a 21 géneros e 6 famílias (Nagasathya e Thajuddin, 2008). As cianobactérias mais difundidas foram *Spirulina subsalsa, S. labyrinthiformis, Oscillatoria acuminata e Synechocystis salina*, cuja distribuição foi limitada devido às baixas salinidades. *Nostoc* sp. foi a única forma heterocistosa registada no ambiente hipersalino.

No estuário de Cochin, as cianobactérias estavam amplamente distribuídas e foi registado um total de 75 espécies de 24 génercs de 7 famílias e 4 ordens. Trinta e uma destas espécies eram formas coloniais unicelulares, 43 formas filamentosas não heterocistos e 2 eram formas filamentosas heterocistos (Joseph, 2005). A contagem total de células foi muito elevada nas zonas de mangais (Fig. 1) e muito reduzida na zona costeira. O padrão de distribuição mostrou que as formas filamentosas não-hetrocístas dominaram nas águas superficiais e as formas unicelulares nas águas de fundo. As espécies predominantes observadas foram *Chroococcus turgidus, Chroococcus tenax, Synechococcus elongatus, Synechocystis salina, Oscillatoria foreaui, Oscillatoria remyii, Oscillatoria pseudogeminata, Oscillatoria subtillissima, Oscillatoria willei, Phormidium purpurescens* e *Phormidium tenue*, enquanto *Gloeothece rhodochlamys* foi a única espécie de água doce. As espécies de ambiente marinho incluíram *Aphanocapsa littoralis, Chroococcus coharens, Eucapsis minuta, Gloeocapsa dermochroa, Dermocarpa olivaceae, Oscillatoria Jaete-virens, Oscillatoria limnetica, Oscillatoria schultzii, Oscillatoria tenuis, Phormidium abronema, Phormidium jadinianum, Phormidium mucicoJa, Lyngbya cryptovaginata, Lyngbya putealis* e *Tolypothrix tenuis*.

Nas costas arenosas, a população de cianobactérias era muito fraca devido às marés vivas, à ausência de substrato e ao baixo teor de nutrientes da água (Thajuddin e Subramanian, 2005). Nalgumas zonas, os charcos e poças de água do mar estagnados apresentavam populações ricas de cianobactérias sob a forma de tapetes espessos, uma vez que estes habitats permaneciam sem perturbações durante períodos relativamente longos. Nestes tapetes predominavam *Lyngbya confervoides, L. martansiana, Microcoleus chthonoplastes, M. acustissimus, Oscillatoria salina, O. tenuis, Spirulina subsala* sp. *labynithiformis, Pseudanabaena schemidleii* (Thajuddin e Subramanian, 2005).

Fig.1. *Lyngbya majuscule* em raízes respiratórias de mangais, Índia, (Whitten e Pott, 2002)

Thajuddin e Subramanian (2005) enumeraram 41 géneros de 251 espécies de cianobactérias que ocorrem em plânctons de água doce. *Microcystis* é um dos organismos dominantes que está associado a florescências quase permanentes em águas doces tropicais que estão expostas à luz solar constante, ao calor e a nutrientes como fosfato, silicato, nitratos, CO_2 e cal.

Na Coreia, a deteção e prevenção de florescências de cianobactérias são questões importantes na gestão da qualidade da água. Como tal, a diversidade e a dinâmica da comunidade de cianobactérias durante o florescimento de cianobactérias na albufeira de Daechung foram estudadas nas amostras colhidas em torno do pico do florescimento (2 de setembro de 2003). Para além dos grupos *Microcystis-, Aphanizomenon (Anabaena)-, Pseudanabaena-,* e *Planktothrix (Oscillatoria)-like* foram detectados, (Song-Gun *et al.*, 2006).

Wua *et al.* (2012) identificaram 39 espécies de cianobactérias e algas no lago Taihu, na China, e revelaram que 32 espécies podiam produzir ácidos retinóicos e os seus análogos 4-oxo-RAs, que podem representar um risco para a vida selvagem através de exposição crónica. As espécies de cianobactérias dominantes no lago Taihu foram *Microcystis flos-aquae, Microcystis aeruginosa, Anabaena* e *Aphanizomenon, que* ocorrem frequentemente de forma dominante em florescências, *ou seja,* em florescências de cianobactérias de água doce.

A área do Mar Morto, que faz fronteira com a Jordânia e a Palestina ocupada (Fig. 2), contém muitas nascentes com diferentes propriedades físicas e químicas. As fontes termais encontram-se na margem oriental do lago: as fontes de Zara (a antiga Callirrhoe) com temperaturas até 59 °C e as de Zerka Ma'in, 5 km para o interior. Estas últimas produzem água doce com um baixo teor de sulfuretos, um pH quase neutro e temperaturas até 63 °C. Embora o crescimento de microrganismos verdes já tenha sido registado em 1807 pelo explorador alemão Ulrich Jasper Seetzen, a microflora das nascentes permaneceu inexplorada (lonescu *et al.*, 2009).

Em 2005, foi efectuada uma série de estudos de caraterização da diversidade microbiana das nascentes. As nascentes de Zerka Ma'in e os seus canais de escoamento estão cobertos por tapetes verdes a laranja, contendo uma comunidade diversificada de cianobactérias unicelulares e filamentosas. Os tipos mais visíveis incluem *Thermosynechococcus*, tipos unicelulares *de Gloeocapsa* e filamentos semelhantes a *Spirulina*. Foram também encontradas grandes colónias de *Scytonema*. Foram isolados e cultivados vários tipos representativos de *Thermosynechococcus, Gloeocapsa* e *Mastigocladus/Fischerella* (Ionescu *et al.*, 2009).

Fig.2. Colónia na parte superior de um mangal (perto de Eilat, Palestina ocupada), Witten e Potts (2002).

c. Diversidade de cianobactérias na Europa

Na Finlândia, durante alguns estudos sobre a frequência e a composição de potenciais produtores de microcistina (MC) em 70 lagos finlandeses, definiu-se a existência de *Microcystis, Planktothrix* e *Anabaena* spp. potenciais produtores de MC (Rantala *et al.*, 2006).

A biodiversidade de cianobactérias planctônicas em lagos de água doce temperados na Finlândia foi relatada (Wacklin, 2006), as florescências de cianobactérias são comuns em lagos eutróficos temperados durante os períodos quentes do verão. Estes florescimentos são normalmente formados por géneros vacuolados por gás, como *Anabaena*, *Aphanizomenon*, *Microcystis* e *Planktothrix*. Além disso, espécies unicelulares, *por exemplo*

Synechococcus e picocyanobacteria colonial, *por exemplo Snowella* e *Merismopedia*, podem ser abundantes em massas de água doce. Algumas cianobactérias parecem estar restritas a determinados ambientes, por exemplo, *Prochlorothrix hollandica* é a única espécie de prochlorales (*prochlorophyta*) que foi registada em lagos de água doce, enquanto outra espécie de prochlorales, *Prochlorococcus*, é abundante em ambientes marinhos. Por outro lado, Microcystis, *Aphanizomenon flos- aquae* e *Planktothrix agardhii* são caraterísticas de lagos de água doce. No entanto, sabe-se que um genótipo de *Aphanizomenon flos-aquae* é abundante no Mar Báltico salobro e que *Cylindrospermum raciborskii* se espalhou recentemente para lagos temperados a partir de lagos tropicais (Wacklin, 2006). Além disso, foram identificadas cianobactérias no lago eutrófico Joutikas e contadas ao microscópio (Kolmonen *et al.*, 2004). Os géneros de cianobactérias mais abundantes foram *Anabaena*, *Aphanizomenon*, *Microcystis* e *Synechococcus*.

No lago Bourget, em França, foi configurada uma sonda fluorescente submersível para estudar a distribuição vertical das cianobactérias tóxicas e filamentosas de vida profunda *Planktothrix* (*Oscillatoria*) *rubescens* e *Cylindrospermopsis raciborskii* nas comunidades de algas autóctones (Leboulanger *et al.*, 2002). A diversidade de procariotas fotossintéticos nos oceanos abertos parece ser muito limitada, uma vez que são representados quase exclusivamente por dois géneros: *Prochlorococcus* e *Synechococcus* em águas oceânicas perto do Mónaco (Partensky *et al.*, 1999). As espécies de cianobactérias oceânicas são consideradas como um componente significativo na dinâmica da teia alimentar do oceano aberto (Iturriaga e Mitchell, 1986).

As comunidades de cianobactérias de duas lagoas (facultativa e de maturação) das Estações de Tratamento de Águas Residuais (ETAR) de Esmoriz no Norte de Portugal foram estudadas e as principais espécies foram *Planktothrix mougeotii, Microcystis aeruginosa* e *Pseudanabaena mucicola* (Vasconcelos e Pereira, 2001).

d. **Diversidade de cianobactérias na Austrália**

Na Austrália, John e Paton (2009) provaram que as comunidades microbianas dominadas por cianófitas e diatomáceas são os produtores primários predominantes nos lagos salgados costeiros hipersalinos da ilha Rottnest e do lago Clifton da Austrália Ocidental. Os lagos salgados da ilha Rottnest têm maior diversidade e biomassa de cianobactérias do que os lagos Clifton. *Phormidium sp., Aphanothece, Oscillatoria, Microcoleus*, *Spirulina*, *Schizothrix* e *Gloeocapsa* foram as espécies de cianobactérias mais dominantes (John *et al.*, 2009). Na Grande Barreira de Coral, *Synochococcus* e *Prochlorococcus* foram as cianobactérias mais abundantes (Crosbie e Furnas, 2001).

e. **Diversidade de cianobactérias nas Américas do Sul, Latina e do Norte**

No Brasil, as florações de cianobactérias são motivo de grande preocupação devido à produção de toxinas nocivas ao homem e aos animais. Quatro importantes reservatórios nas regiões Sudeste e Nordeste do Brasil foram amostrados (Piccin-Santos e Bittencourt-Oliveira, 2012) para identificar a comunidade de cianobactérias e a ocorrência de espécies potencialmente produtoras de toxinas nos reservatórios de abastecimento público do país. Foram identificados 14 táxons, dos quais 11 são conhecidos como potenciais produtores de toxinas

são os seguintes: *Microcystis aeruginosa; Microcystis botrys; Microcystis novacekii;*

Microcystis panniformis; Microcystis protocystis; Microcystis wesenbergii; Dolichospermum flos-aquae; Sphaerospermopsis aphanizomenoides; Cylindrospermopsis raciborskii; Arthrospira khannae; Planktothrix isothrix; Pseudanabaena sp. e *Geitlerinema amphibium.*

A distribuição ecológica de cianofíceas em ecossistemas lóticos do Estado de São Paulo (Henrique *et al.,* 2001) foi realizada em 172 trechos de riachos de seis regiões naturais distintas (partes de biomas ou áreas geológicas) do Estado de São Paulo. Foram identificados quatro táxons de cianofíceas e *Phormidium retzii* foi a espécie mais difundida em todo o Estado, ocorrendo em todas as regiões estudadas.

No México, foi estudada a diversidade de cianobactérias em duas áreas geográficas da Baja California Sur: Bahia Concepción e Ensenada de Aripez. Os locais incluíam ecossistemas hipersalinos, fundo do mar, fontes hidrotermais e uma exploração de camarões. Foram registadas quatro estirpes de cianobactérias (*Synechococcus cf. elongatus*, *Leptolyngbya cf. thermalis*, *Leptolyngbya* sp., e *Geitlerinema* sp.) (Lopez-Cortes *et al.,* 2001).

Nas ilhas Bahamas, verificou-se que as cianobactérias habitam habitats marinhos de águas pouco profundas (Lopez-Legentil *et al.,* 2011) durante o estudo da interação simbiótica entre ascídias (esquilos marinhos) e os géneros *Acaryochloris marina, Candidatus Acaryochloris bahamiensis nov.* sp., *Prochloron (Prochlorales)* e *Synechocystis (Chroococcales).* As espécies-tipo destes géneros são *Prochloron didemni* e *Didemnum* spp. encontradas pela primeira vez na Baixa Califórnia, e *Synechocystis trididemni*, encontrada no ascídio das Caraíbas *Trididemnum cyanophorum.* Recentemente, foi descoberto um novo fotoautotrófico oxigenado no didemnídeo tropical *Lissoclinum patella.* Este fotossimbionte foi provisoriamente designado *por Acaryochloris marina* e apresentava um conjunto de caraterísticas únicas.

No Uruguai, a ocorrência espacial de cianobactérias e a frequência relativa de *Cylindrospermopsis raciborskii* foram analisadas em 47 lagos no sul do Uruguai (Vidal e Kruk, 2008). Esses locais foram caracterizados por altas temperaturas da água e concentrações de nutrientes, baixa disponibilidade de luz e águas bem misturadas. Outras cianobactérias foram espécies co-dominantes, incluindo *Planktolyngbya* spp., *Ceratium hirudinella, Planktolyngbya limnetica* e *Aphanizomenon issatschenkoi.*

Na lagoa tropical hipersalina (Salt Pond, Ilha de San Salvador, Bahamas), os fototróficos dominantes no tapete de Salt Pond, determinados por análises de fotopigmentos e microscopia qualitativa, eram cianobactérias filamentosas (*M. chthonoplastes*) e *Lyngbya* spp. (Pinckney e Paerl, 1997).

Nos EUA, várias experiências (Klatt *et al.*, 2011) investigaram comunidades de tapetes microbianos fototróficos de regiões a 60°C e 65°C nos canais de efluentes de Mushroom e Octopus Springs (Yellowstone National Park, WY, EUA) e descobriram que *Synechococcus* spp. e *Roseiflexus* spp. pareciam ser as espécies dominantes (Klatt *et al.*, 2011). Os tapetes microbianos de fontes termais siliciosas alcalinas no Parque Nacional de Yellowstone como comunidades-modelo naturais foram investigados para saber como as populações microbianas se agrupam em unidades fundamentais semelhantes a espécies. As populações predominantes de cianobactérias do tapete eram *Synechococcus* spp. e *Synechococcus cf. lividus* (Ferris *et al.*, 2003 e Ward *et al.*, 2006).

As Grandes Planícies Salgadas (GSP) no centro-norte de Oklahoma, EUA, são uma extensa planície salgada que faz parte do Refúgio Nacional de Vida Selvagem das Planícies Salgadas, protegido pelo governo federal. A diversidade taxonómica dos isolados limitou-se a alguns géneros (principalmente *Phormidium* e *Geitlerinema*), *Aphanothece halophytica* e uma variedade de *espécies do tipo Lyngbya, Microcoleus, Phormidium*, *Spirulina* e *Synechococcal*, *Chlorogleopsis* sp., *Nodularia* sp., *Chlorogleopsis* sp., *Cyanothece, Euhalothece, Cyanodictyon* sp., *Chlorogleopsis* sp, *Geitlerinema amphibium*, *Geitlerinema carotinosum*, *Geitlerinema earlei*, *Geitlerinema exile*, *Halomicronema* sp., *Komvophoron* sp., *Leptolyngbya* sp., *Lyngbya* sp., *Nodularia* sp. (anteriormente *P. laetivirens*), *Phormidium* sp, *Phormidium breve*, *Phormidium Janthiphorum*, *Phormidium keutzingianum*, *Phormidium okenii*, *Pseudanabaena galeata*, *Spirulina* sp. e *Tychonema bornetii* (Klatt *et al.*, 2011).

f. **Diversidade de cianobactérias em ambientes extremos**

No Antártico, um estudo recente estimou que 700 taxa de algas não marinhas estão presentes na Antárctida. A flora é dominada por espécies de *Anabaena, Aphanocapsa, Calothrix, Chroococcidiopsis, Gloeocapsa, Lyngbya, Mastigocladus, Microchaete, Microcoleus, Oscillatoria, Phormidium, Plectonema, Pseudoanabaena, Nodularia, Nostoc, Schizothrix, Scytonema, Stigonema, Synechococcus* e *Tolypothrix* (Thajuddin e Subramanian, 2005).

As cianobactérias foram registadas em águas termais de todo o mundo. Lemmermann (1970) sugeriu que o limite superior das cianobactérias é de 65°C a 69°C. *Mastigocoleus laminosus, Phormidium tenue* e *Synechococcus elongates* var. *amphigranulatus* são as espécies mais comuns em fontes termais. As cianobactérias também podem tolerar baixas temperaturas; *Phormidium* sp. foi registada em extensas camadas de gelo nos lagos do Antártico.

Taylor (1954) referiu que *Calothrix* e *Rivularia* eram cianobactérias comuns em zonas marinhas do Ártico, enquanto *Gloeocapsa* e *Nostoc* eram abundantes em águas doces. As comunidades de cianobactérias endolíticas são capazes de reter água em microambientes subsuperficiais de rocha. Um estudo recente estimou que 700 taxa de algas não marinhas estão presentes na Antárctida. A microflora é dominada por espécies de *Anabaena*, *Aphanocapsa*, *Calothrix*, *Chroococcidiopsis*, *Gloeocapsa*, *Lyngbya*, *Mastigocladus*, *Microchaete*, *Microcoleus*, *Oscillatoria*, *Phormidium*, *Plectonema*, *Pseudoanabaena*, *Nodularia*, *Nostoc*, *Schizothrix*, *Scytonema*, *Stigonema*, *Synechococcus* e *Tolypothrix* (Broady *et al.*, 1996).

Wilmotte *et al.* (2006) investigaram a diversidade de cianobactérias de tapetes microbianos em lagos da Antárctida Oriental. Foram colhidas amostras de quatro lagos que abrangem uma gama de ambientes ecológicos diferentes em Larsemann Hills, Vestfold Hills e Ilhas Rauer para avaliar a influência das caraterísticas do lago na diversidade de cianobactérias. Foram identificadas *Oscillatoriales, Nostocales* e *Chroococcales*; *Arthronema* sp., *Geitlerinema deflexum, Leptolyngbya antarctica, Leptolyngbya frigid, Phormidium murrayi, Phormidium priestleyi*, *Phormidium pseudopriestleyi*, *Oscillatoria subproboscidea*, *Schizothrix sp./Pseudophormidium* sp, *Calothrix* sp., *Nodularia harveyana*, *Nostoc* sp., *Aphanocapsa cf. holastica* (*Lemmermann*), *Aphanocapsa cf. hyalina* (*Lyngbye*), *Aphanothece* sp., *Chlorogloea* sp. e *Cyanosarcina* sp. A diversidade de cianobactérias dos lagos mais salinos foi diferente das outras. (Wilmotte *et al.*, 2006)

O Phormidium murrayi representa um grupo taxonómico especial que habita normalmente águas doces pouco profundas e que foi determinado até agora como sendo caraterístico da Antárctida (Strunecky *et al.*, 2011). Wilmotte *et al.* (2011) estudaram a diversidade de cianobactérias em muitas regiões da Antárctida como os fototróficos dominantes em ecossistemas aquáticos e terrestres de biótipos em locais continentais interiores da Antárctida (80-82°C).

O lago Forlidas, dentro da Área Especialmente Protegida do Antártico, o lago Lundstrom, que é um lago pouco profundo coberto de gelo perene. Estes são dos locais mais a sul onde estão presentes ecossistemas relacionados com a água doce, e o lago Fryxell (Wilmotte *et al.*, 2003). Os resultados revelaram uma baixa diversidade de cianobactérias, nomeadamente

Leptolyngbya glacialis, Phormidium murrayi, Leptolyngbya cf. foveolarum, Phormidium crassior, Phormidium priestleyi, Leptolyngbya sp., *Hydrocoryne cf Spongiosa, Nodularia cf. Harveyana, Leptolyngbya* sp., *Phormidium cf. Autumnale, Oscillatoria cf. subproboscidea,* e *Schizothrix* sp. (Wilmotte *et al.*, 2003 e Wilmotte *et al.*, 2011), todas as estirpes adicionadas à coleção belga de cianobactérias (sub)polares BCCM/ULC.

Muitos extremófilos evoluíram para se desenvolverem melhor em condições extremas de pH. As cianobactérias estão, de facto, presentes em lagos ácidos (pH 4,1-5) e verificou-se mesmo que dominam a pH baixo. Este facto foi confirmado por Steinberg *et al.* (1998) que demonstraram a existência de cianobactérias filamentosas, *Chroococcus turgidus*, *Limnothrix* sp., *Mastigocladus* sp., *Oscillatoria* sp., *Spirulina* sp. (pH 2,9) e *Synechococcus* sp. (pH 4) em lagos ácidos na Alemanha. Os alcalifílicos extremos vivem em solos carregados de soda (natrão) ou em lagos de soda onde o pH pode subir até 12, mas estes organismos crescem mal a pH neutro. Foram registadas 13 espécies de cianobactérias alcalifílicas que se desenvolvem em condições alcalinas. Muitas vezes, os lagos de soda são monoespecíficos, habitados por *Spirulina platensis* que serve de alimento humano de elevado valor nutritivo (Ciferri e Tiboni, 1985).

No Canadá, no âmbito de um estudo sobre a distribuição global de ecótipos de cianobactérias na biosfera fria (Jungblut *et al.*, 2010), foram estudadas cianobactérias que vivem no frio de comunidades lacustres, fluviais e glaciares que vivem no limite norte do Alto Ártico canadiano. A análise microscópica das cianobactérias revelou um conjunto diversificado de morfoespécies agrupadas nas ordens *Oscillatoriales*, *Nostocales* e *Chroococcales*. Foram identificados cinco géneros conhecidos *de Chroococcales (Gloeocapsa cf alpina, Chroococcus cf prescotii, Chlorogloea, Aphanocapsa cf. hyalina* e *Merismopedia cf. angularis),* juntamente com um morfotipo cocóide não classificado. Os géneros da ordem *Nostocales* incluíam *Nostoc, Dichothrix* e *Tolypothrix,* e os da ordem *Oscillatoriales* eram *Leptolyngbya (Leptolyngbya cf. frigida'), Pseudanabaena (Pseudanabaena cf. amphigranulala), Phormidium (Phormidium autumnah)* e *Oscillatoria (Oscillatoria sancta)* (Jungblut *et al.*, 2010).

Os lagos de soda representam o outro e principal tipo de ambiente altamente alcalino que ocorre naturalmente, apresentando frequentemente valores de pH >11,5. Estes ambientes estão amplamente distribuídos. São conhecidos exemplos na América do Norte, América

Central, América do Sul, Europa, Ásia (nomeadamente na Sibéria, Mongólia Exterior e Tibete), em toda a África e na Austrália (Quadro 1). Embora os lagos altamente alcalinos estejam confinados a regiões geográficas específicas, mais de 80% de todas as águas interiores, em volume, estão no lado alcalino da neutralidade, exibindo uma forma menos intensa da química observada nos tipos mais concentrados e alcalinos. Os lagos de soda existem em todo o registo geológico.

Um dos maiores lagos de soda fósseis é a formação de Green River no Wyoming e Utah, que tem entre 36 e 55 milhões de anos. Os lagos de soda fósseis de idade ainda maior estão implícitos em formações geológicas como a formação Ventersdorf, com 2,3 mil milhões de anos, na África do Sul (Grant, 2006). Ao contrário de outros tipos de lagos, a biomassa microbiana é dominada por procariotas, havendo apenas raros casos em que as algas eucarióticas e os protozoários constituem uma fração significativa da população (geralmente nos exemplos mais diluídos e menos alcalinos de lagos de soda). As cianobactérias conhecidas por estarem presentes e crescerem em condições alcalinas são *Arthrospira platensis, Cyanospira rippkae, Synechocystis sp., Synechococcus* sp. e *Phormidium* sp. (Grant, 2006).

Tabela 1. Lagos de soda em todo o mundo (Grant, 2006).

Continente	País	Lagos de Soda
África	Líbia	Fezzan
	Egypt	Wadi El-Natrun
	Etiópia	Aranguadi, Kilotes, Abiata, Shala, Chilu, Hertale, Methara
	Sudão	Dariba
	Quénia	Bogoria, Nakuru, Elmenteita, Magadi, Simbi, Cratera (Sonachi), Oloidien Natron, Eyasi, Magad, Manyara, Balangida, Bosotu
	Tanzânia	Cratera, Kusare, Tulusia, El Kekhooito, Momela, Lekandiro, Reshitani, Lagarya, Ndutu
	Uganda	Rukwa North, Katwe, Mahenga, Kikorongo, Nyamunuka Munyanyange, Murumuli, Nunyampaka, Bodu,
	Chade	Rombou, Dijikare, Monboio, Estepe de Yoan Kulunda, Lagos de Tanatar, Karakul, Chita,
Ásia	Sibéria	Barnaul, Slavgerod, região do lago Baikal, lago Khatyn
	Arménia	Planície de Araxes
	Turquia	Van, Salda
	Índia	Looner, Sambhar Munyanyange, Murumuli, Nunyampaka, Bodu,
	Chade	Rombou, Dijikare, Monboio, Estepe de Yoan Kulunda, Lagos de Tanatar, Karakul, Chita,
		Munyanyange, Murumuli, Nunyampaka, Bodu,

	Chade	Rombou, Dijikare, Monboio, Estepe de Yoan Kulunda, Lagos de Tanatar, Karakul, Chita,
Ásia	Sibéria	Barnaul, Slavgerod, região do lago Baikal, lago Khatyn
	Arménia	Planície de Araxes
	Turquia	Van, Salda
	Índia	Looner, Sambhar Mongólia Exterior, vários "nors"; Sui-Yuan, Cha-Han-Nor e Na-Lin-Nor; Heilungkiang, Hailar e Tsitsihar; Kirin, Fu-U-Hsein e Taboos-Nor; Liao-
	China	Ning, Tao-Nan Hsein; Jehol, vários lagos de soda; Tibete, desertos alcalinos; Chahar, Lang-Chai; Shansi, U-Tsu-Hsein; Shensi, Shen-Hsia-Hsein; Kansu, Ning-Hsia- Hsein, Qinhgai Hu
Austrália	Austrália	Corangamite, Red Rock, Werowrap, Chidnup
América Central	México	Texcoco
América do Norte	Canadá	Manito
		Alkali Valley, Albert Lake Lenore, Soap Lake, Big Soda Lake, Owens Lake, Borax Lake, Mono Lake,
	EUA	Lago Searles, Deep Springs, Rhodes Marsh, Lago Harney, Lago Summer, Surprise Valley, Lago Pyramid, Lago Walker, Union Pacific Lakes (Green River), Ragtown soda
América do Sul	Venezuela	Vale de Langunilla
	Chile	Antofagasta
Europa	Hungria	Feher
	Antigo Jugoslávia	Pecena Slatina

CAPÍTULO 3. MATERIAIS E MÉTODOS

1. Amostragem

As amostras foram colhidas principalmente para o isolamento de cianobactérias em oito áreas protegidas egípcias, que se distinguem pelas suas diferentes caraterísticas ecológicas aquáticas, por *exemplo,* Abu Galum (Ag), Wadi El Gemal (WG), Ashtoum El Gamil (Ash), El Omied (Mat), Qaroun (Q), Wadi El-Rayan (WR), Saluga & Ghazal (SG), Dahab Island (DI) (Quadro 2 e Fig.3).

As amostras foram recolhidas em quatro estações: verão de 2011, inverno de 2012, verão de 2012 e inverno de 2013. Todas as amostras de água foram recolhidas de águas superficiais, num total de 96 amostras, e foram submetidas a análises físicas, químicas e microbiológicas.

Tabela 2. Descrição de diferentes amostras de água em 8 APs selecionadas.

PAs	Habitat	Número da amostra	Distribuição geográfica	Coordenadas (Lat/Lon)
Ag	Marinha	12	Golfo de Aqaba - Mar Vermelho	28.75865 N 34.62172 E
GT	Marinha	12	Sul do Egito - Mar Vermelho	35.28773 N 24.39115 E
DI	Fresco	12	Rio Nilo - Cairo	31.23203 N 29.97498 E
SG	Fresco	12	Rio Nilo Assuão	32.87312 N 24.06807 E
Q	Salobra	12	Egito Ocidental - Lago	30.79517 N 29.47543 E
WR	Salobra	12	Egito Ocidental - Lago	30.42035 N 29.18674 E
Cinzas	Marinha	12	Mediterrâneo	32.16921 N 31.29967 E
Tapete	Marinha	12	Mediterrâneo	31.35199 N 27.23245 E
Total		**96**		

Abu Galum (Ag), Wadi El Gemal (WG), Ashtoum El Gamil (Ash), El Omied (Mat), Qaroun (Q), Wadi El-Rayan (WR), Saluga & Ghazal (SG), Dahb Island (DI).

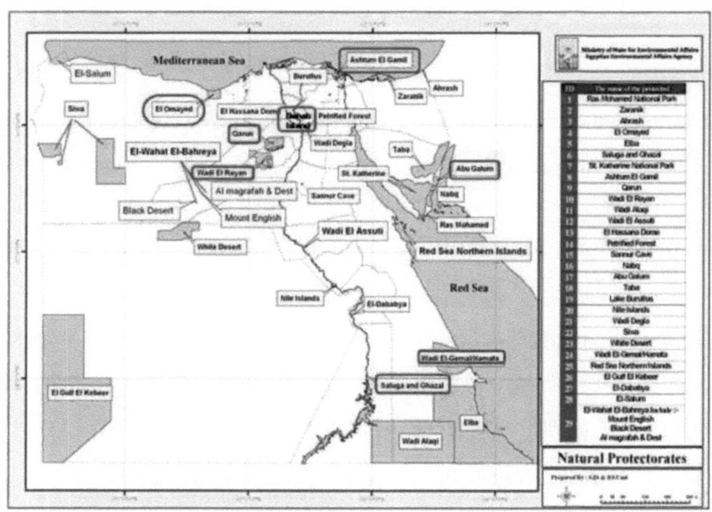

Fig.3. Localização das áreas protegidas selecionadas, delineadas a vermelho, durante este estudo.

2. Identificação de poluentes químicos e microbiológicos

a. Parâmetros físicos das amostras de água

As temperaturas foram determinadas no local de amostragem, o valor do pH foi medido utilizando o medidor de pH JENWAY 3505 (métodos padrão da Associação Americana de Saúde Pública, 1992), por SensoDirect Con 110 (métodos padrão da Associação Americana de Saúde Pública, 1992).

b. Poluentes químicos em amostras de água

Foram determinadas as concentrações de amoníaco, nitrato, azoto total, fósforo total e salinidade (sais solúveis totais) de acordo com os métodos normalizados da Associação Americana de Saúde Pública (APHA, 2005).

A CQO foi realizada por oxidação com dicromato de potássio e a CBO foi realizada pelo método de incubação de 5 dias, de acordo com os métodos padrão da Associação Americana de Saúde Pública (APHA, 2005).

As concentrações de metais pesados foram efectuadas utilizando o espetrofotómetro de absorção atómica de chama, de acordo com o método padrão para o exame da água e das águas residuais (APHA, 2005).

c. Poluentes microbiológicos em amostras de água

1. Contagem total de bactérias

O método padrão de placa foi utilizado para a determinação das contagens totais viáveis de bactérias em ágar glucose - extrato de levedura (Postage, 1969). As placas foram incubadas a 30°C durante 24 h.

2. Contagens totais de fungos

As contagens totais de fungos foram contadas (c.f.u./ml) em meio de ágar cloranfenicol Rose Bengal (Dixon e Formtling, 1995), a 30°C durante 5-7 dias.

3. Contagens totais de formadores de esporos

Para a contagem total de formadores de esporos, foram utilizadas diluições pasteurizadas (80°C durante 15 min.) de cada amostra para inocular placas de ágar nutriente para enumerar a contagem total de bactérias formadoras de esporos após incubação a 30°C durante 5-7 dias.

4. Coliformes totais e fecais

O Número Mais Provável (NMP) de coliformes totais e fecais foi obtido utilizando o meio de caldo MacConkey incubado a 37°C e 44°C durante 24 horas, respetivamente. As contagens de coliformes foram extraídas das tabelas estatísticas de Pochon e Tardieux (1962).

3. Identificação da diversidade de cianobactérias

a. Isolamento, purificação e identificação das espécies de cianobactérias dominantes

As amostras de água recolhidas foram divididas em duas porções, a primeira foi utilizada para fixação e identificação de cianobactérias através de um método de gota de solução de Lugol e a segunda para enriquecimento e cultivo das espécies dominantes de cianobactérias.

1. Isolamento, cultura e manutenção de cianobactérias

As culturas de enriquecimento líquido foram preparadas a partir de amostras de água. Vinte e cinco ml de cada amostra de água foram adicionados assepticamente a frascos de 250 ml contendo 100 ml de líquido de meios selectivos Allen e Arnon (Allen e Arnon, 1955), ASN III e BG-11 (Rippka *et al.,* 1979) para habitats frescos, marinhos e salobros, respetivamente.

As culturas de enriquecimento foram incubadas sob iluminação contínua com uma lâmpada branca fluorescente à temperatura ambiente (30 ± 2°C). Os isolados de cianobactérias que tinham crescido previamente em frascos contendo meio líquido BG11 foram sucessivamente subcultivados várias vezes no mesmo meio e incubados durante 3-4 semanas à temperatura ambiente até se obterem culturas saudáveis.

2. Purificação de cianobactérias

Nesta experiência, o processo de purificação foi efectuado através da técnica de isolamento de um único filamento (Vaara *et al.*, 1979 e Barakat *et al.*, 2008). Para o efeito, foi utilizado o meio de ágar BG11 em placas de Petri para examinar a capacidade de crescimento dos filamentos de cianobactérias e lâminas em direção a uma fonte de luz para colher um único filamento da cultura-alvo. Os filamentos de cianobactérias foram examinados microscopicamente todos os dias até que um único filamento se movesse através de toda a placa em direção à fonte de luz. Assim que o filamento único se deslocou uma distância suficiente para dentro da placa de ágar BG11 esterilizada, cortou-se um pedaço de ágar que continha um único filamento da cianobactéria selecionada e colocou-se num frasco separado contendo meio BG11 líquido fresco em condições esterilizadas. Três a quatro semanas mais tarde, observou-se que a cultura continha apenas a mesma cianobactéria pertencente à mesma espécie.

3. Identificação de culturas de cianobactérias

Práticas de identificação que foram efectuadas através de um método de gota de solução de Lugol. As amostras foram vertidas para um cilindro de vidro com 500 ml de capacidade e foi adicionada solução de Lugol a 1%, sendo depois deixadas em repouso durante 5 dias até a amostra mudar para uma cor de chá ténue. O iodo de Lugol é composto por 10 g de iodo puro, 2 g de iodeto de potássio, 200 ml de água destilada e 20 ml de ácido acético glacial. Isto facilita a precipitação e a coloração dos organismos de fitoplâncton (American Public Health Association, 1992). Em seguida, 0,5 µl do volume reduzido foi colocado numa câmara de contagem e examinado com uma ocular de 10X e uma objetiva de 40X de um microscópio invertido (APHA, 1992), de acordo com Kofoid & Swez (1921), Geitler (1925) e Prescott (1978).

As práticas de identificação efectuadas através das caraterísticas morfológicas dos isolados purificados foram realizadas ao microscópio de luz, utilizando um microscópio de contraste de fase (Carl Zeiss, Jena), de acordo com Desikachary (1959), Prescott (1978) e Hindak (1988 e 1990). As caraterísticas das espécies (comprimento, largura, espessura e diâmetro) foram medidas utilizando um micrómetro ocular e um micrómetro de lâmina (Craticules, LTD,

Tonbridge, Kent).

b. Relação filogenética entre as espécies dominantes de cianobactérias

1. Extração de ADN

O ADN foi extraído de alíquotas de 1,5 ml de suspensões de células de cada amostra de biofilme extraída de 6 culturas de cianobactérias representando 6 PAs, de acordo com Morin *et al.* (2010). As células foram recolhidas por centrifugação de 5 ml de uma cultura de reserva (10 min, 3500 rpm). As células foram ressuspendidas em 100 µl de tampão TE (10 mM Tris, 1 mM EDTA, pH 8,0) por pipetagem repetida. A lise das células foi efectuada utilizando 20 pl de SDS a 10 % e 1 µl de proteinase K a 20 mg/ml. A mistura foi subsequentemente incubada durante 1 h a 37°C. A precipitação selectiva de proteínas e polissacáridos foi realizada utilizando 60 µl de CTAB/NaCl (10% CTAB, 0,7 M NaCl) na presença de 70 µl de 5 M NaCl. As amostras foram misturadas suavemente por inversão e incubadas durante 10 minutos a 65 °C. Os ácidos nucleicos foram depois isolados por uma separação fenol:clorofórmio:álcool isoamílico (25:24:1, Sigma-Aldrich®), seguida de uma separação clorofórmio:álcool isoamílico (24:1, Sigma-Aldrich®). O ADN foi finalmente recuperado por precipitação com 0,6 volume de isopropanol e centrifugação (5 min, 4°C, 15000 rpm). Os pellets de ADN foram lavados com 1 ml de etanol a 70 % frio. Finalmente, os tubos foram centrifugados uma última vez durante 5 min (4°C, 15000 rpm), o sobrenadante foi eliminado e cada pellet foi seco antes de ser ressuspenso em 50 µl de TE Buffer (10 mM Tris, 1 mM EDTA, pH 8,0).

2. Amplificação por PCR de RAPD

Foram utilizados cinco iniciadores universais, *ou seja,* OPE-B-10, OPE-F-12, OPE-K-10, OPE-09, OPE-P-15 (quadro 3). O ADN foi isolado e purificado de acordo com Morin *et al.* (2010). As reacções de PCR foram efectuadas num volume total de 20 ml contendo 10 ng de ADN, 200 mM de dNTPs, 1 mM de cinco primers arbitrários 10- mer (Operon Technology, Inc., Alameda, CA, EUA), 0,5 unidades de Red Hot Taq polimerase (AB gene House, UK) e tampão 10-X Taq polimerase (AB gene House, UK). Para a amplificação do ADN, o termociclador Biometra (2720) foi programado da seguinte forma: 94 °C durante 5 minutos, seguidos de 35 ciclos: 94 °C durante 1 minuto, 35 °C durante 1 minuto, 72 °C durante 1 minuto e 72 °C durante 1 minuto. 72 °C durante 1 min. e 72 ° C durante 7 min.

Os produtos de amplificação foram analisados por eletroforese em agarose a 1% em tampão TAE, corados com brometo de etídio e fotografados sob luz UV. A sequência dos iniciadores testados foi a seguinte:

Tabela 3. Cinco sequências de primers universais utilizadas na experiência RAPD-PCR.

cartilha	sequência	% do teor de G + C
B-10	5'CTGCTGGGGAC3'	70
K-10	5'GTGCAACGTG3'	60
F-12	5'ACGGTACCAG3'	60
P-15	5'GGAAGCCAAC3'	60
P-09	5'GTGGTCCGCA3'	70

A técnica molecular RAPD foi efectuada para as seis culturas puras obtidas a partir de seis culturas de enriquecimento que representam seis PAs (Fig.4). Os padrões de bandas gerados pelas análises dos marcadores RAPD-PCR foram comparados para determinar a variação genética dos isolados entre 6 PAs. Os produtos de amplificação claros e distintos foram examinados visualmente quanto à presença e ausência de bandas de cada classe de tamanho como 1 ou 0, respetivamente.

As bandas polimórficas são detectadas como a presença de bandas amplificadas em algumas pistas que não contêm bandas em todas as pistas, enquanto as bandas monomórficas são o inverso. A banda única é descrita como o aparecimento de apenas uma banda entre diferentes pistas. Os padrões de bandas gerados pela análise dos marcadores RAPD-PCR foram comparados para determinar a variação genética entre 6 isolados de cianobactérias. Os produtos de amplificação claros e distintos foram classificados como "1" para a presença e "0" para a ausência de bandas. As bandas com a mesma mobilidade foram classificadas como idênticas.

c. Distribuição geográfica das cianobactérias nos últimos dez anos

Cento e vinte e oito registos de 48 espécies, mesmo obtidos como cultura pura ou diretamente examinados ao microscópio utilizando a solução de Logul, foram verificados quanto à sua área de distribuição utilizando o ArcGIS, ArcMap 10.1, @2012 Esri (http://www.esri.com/ news/arcnews/ spring12articles /introducing-arcgis-101.html) e dados do Google Earth SIO, NOAA, U.S. Navy, NGA GEBCO, Image landsat, Image IBCAO, Image U.S. Geological Survey (https://www.google.com/earth/, 2014).

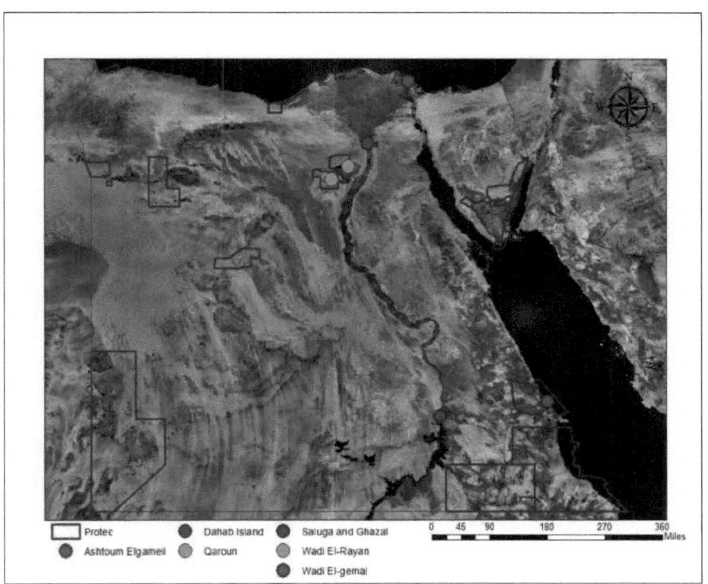

Fig.4. Localização das áreas protegidas selecionadas que representam 3 sistemas aquáticos diferentes: a cor vermelha representa o habitat marinho, a azul o habitat de água doce e a verde os habitats salobros.

4. Meios de cultura

a. Meio de ágar nutriente (Difco, 1984)

O meio utilizado para a contagem total de bactérias formadoras de esporos e para a cultura de microrganismos menos exigentes continha os seguintes ingredientes (g/l): peptona, 5; extrato de carne de bovino, 3; ágar, 18; pH 7,0±0,2 e mantido à temperatura ambiente. Os componentes foram adicionados a um litro de água destilada e aquecidos até à ebulição. O meio foi dispensado num frasco ou tubo num volume adequado e autoclavado a 121°C durante 15 minutos.

b. Meio de agar de extrato de levedura de glucose (Postage, 1969)

O meio utilizado para a determinação das contagens totais de bactérias viáveis continha os seguintes ingredientes (g/l): peptona, 5; extrato de levedura, 3; glucose, 10; ágar, 15; pH 7,0±0,2 e mantido à temperatura ambiente. Os componentes foram adicionados a um litro de água destilada, aquecidos até à ebulição, dispensados em frascos ou tubos de volume adequado e autoclavados a 121°C durante 15 minutos.

c. Meio púrpura de caldo MacConkey (OMS, 1963)

O meio utilizado para a contagem de coliformes totais e fecais utilizando técnicas NMP continha os seguintes ingredientes (g/l): peptona, 20; lactose, 10; sais biliares, 5; cloreto de sódio, 5; bromocresol púrpura, 0,01; pH 7,4±0,2 e mantido à temperatura ambiente. Os componentes foram suspensos em água destilada fria, aquecidos até à ebulição, distribuídos em tubos (10 ml + tubo de Durham invertido) e autoclavados a 121°C durante 15 minutos.

d. Meio de ágar cloranfenicol rosa-bengala (Dixon e Formtling, 1995)

O meio utilizado para a contagem selectiva dos bolores e leveduras continha os seguintes ingredientes (g/l): peptona micológica, 5; glucose, 10; fosfato dipotássico, 1; sulfato de magnésio, 0,5; rosa-bengala, 0,05; ágar, 15; pH 7,2±0,2 e mantido à temperatura ambiente. Os componentes foram suspensos num litro de água destilada e levados à ebulição. O meio foi dispensado num frasco ou tubo num volume adequado e autoclavado a 121°C durante 15 minutos e arrefecido a 50°C. O conteúdo de um frasco de suplemento seletivo de cloranfenicol (50 mg) foi reconstituído em 5 ml de água destilada esterilizada e adicionado a 500 ml do meio de base, misturando suavemente.

e. Allen e Arnon medium (Allen e Arnon, 1955)

O meio utilizado para a contagem selectiva das cianobactérias de amostras de água doce continha os seguintes ingredientes (g/l)

Componente	g/250 ml	ml/l
$MgSO_4$	61.8	1
$CaCl.2H_2O$	27.4	1
NaCl	58.4	1
Mistura de oligoelementos		1
Fe EDTA		1
K_2HPO_4	43.5	2
Minerais vestigiais (g /L)		
H_3BO_3	2.8	
$MnSO_4$	1.8	
$ZnSO_4.7H_2O$	0.22	
$CuSO_4.5H_2O$	0.08	
Ácido molibdico	0.02	

Água destilada até completar um litro. pH, 7,0 ± 0,2; e mantido à temperatura ambiente. O meio foi dispensado num frasco com um volume adequado e autoclavado a 121°C durante 15 minutos.

f. Meio ASN III (Rippka *et al.*, 1979)

O meio utilizado para a contagem selectiva das amostras de água marinha de cianobactérias continha os seguintes ingredientes (g/l)

Componente (g /L)	
NaCl	25 g
MgSo4.7H2O	3.5 g
MgCl2.6H2O	2 g
NaNO3	0.75 g
K2HPO4.3H2O	0.75 g
CaCl2.2H2O	0.5 g
KCl	0.5 g
NaCO3	0.02 g
Ácido cítrico	3 mg
Citrato férrico de amónio	3 mg
Mg EDTA	0,5 mg
Vitamina B12	10 µg
A-5 oligoelementos	1 ml
Minerais vestigiais (g/L)	
H3BO3	2.86 g
MnCl2.4H2O	1.81 g
ZnSO4.7H2O	0.222 g
NaMoO4.2H2O	0.39 g
CuSO4.5H2O	0.079 g
Co(NO3)2.6H2O	49,4 mg

Os componentes foram suspensos num litro de água destilada. O meio foi dispensado num frasco de volume adequado e autoclavado a 121°C durante 15 minutos. Em seguida, foram adicionados 10 µg de vitamina B12.

g. Meio BG11 (Rippka e Herdman, 1992, meio modificado)

O meio utilizado para a contagem selectiva das cianobactérias de amostras de água marinha, doce e salobra continha os seguintes ingredientes (g/l)

Component (g /L)	
$NaNO_3$	1.5 g
K_2HPO_4	0.04 g
$MgSO_4 \cdot 7H_2O$	0.075 g
$CaCl_2 \cdot 2H_2O$	0.036 g
Citric acid	0.006 g
Ferric ammonium citrate	0.006 g
EDTA (disodium salt)	0.001 g
$NaCO_3$	0.02 g
Trace metal mix A5	1.0 ml
Agar (if needed)	10.0 g
Distilled water	1.0 L
Trace minerals (g /L)	
H_3BO_3	2.86 g
$MnCl_2 \cdot 4H_2O$	1.81 g
$ZnSO_4 \cdot 7H_2O$	0.222 g
$NaMoO_4 \cdot 2H_2O$	0.39 g
$CuSO_4 \cdot 5H_2O$	0.079 g
$Co(NO_3)_2 \cdot 6H_2O$	49.4 mg
Distilled water	1.0 L

Os componentes foram suspensos num litro de água destilada. O meio foi dispensado num frasco de volume adequado e autoclavado a 121°C durante 15 minutos.

CAPÍTULO 4. RESULTADOS

1. Identificação de poluentes químicos e microbiológicos

a. Parâmetros físicos das amostras de água

Os dados da Tabela (4) mostram o pH, a temperatura e a salinidade das amostras de água testadas. Os resultados revelaram que o pH variava entre 7,8 e 8,7. Independentemente da localização, o pH variou entre 8,1 e 8,4, com uma ligeira diferença entre as estações do verão e do inverno.

A temperatura variou entre 12°C e 32°C. Independentemente do local, a temperatura média variou entre 18°C e 26°C. Independentemente do ano, a temperatura média variou entre 23°C e 31°C e entre 15°C e 23°C, tanto no verão como no inverno, respetivamente. Os valores mais elevados e mais baixos foram registados no verão na ilha de Dahab e em Ashtoum Elgamil, respetivamente; enquanto os valores mais elevados e mais baixos foram registados no inverno em Abu Galoum e Marsa Matrouh, respetivamente.

Os valores de salinidade das amostras de água dos protectorados de Wadi El-Gemal, Abu Galum, Omayed, Dahab Island e Saluga & Ghazal estavam dentro das suas médias normais e dos valores esperados, uma vez que os seus TSS variavam entre 1 e 46 g/l. A este respeito, os SST nas amostras de água de Ashtum El-Gamil variaram entre 2 e 7 g/l, enquanto as amostras de água do lago Qaroun variaram entre 31 e 43 g/l.

Independentemente do local, a média da salinidade variou entre 19,88 g/l e 21,88 g/l. Independentemente do tempo, a média da salinidade variou entre 2,5 g/l e 42,5 g/l e entre 1,0 g/l e 37,5 g/l nas amostras de verão e de inverno, respetivamente. Wadi El-Gemal registou o valor mais elevado com 37,5 g/l e 42,5 g/l no inverno e no verão, respetivamente; enquanto Saluga e Ghazal apresentaram os valores mais baixos de salinidade com 1,0 g/l no inverno e a ilha de Dahab com 3,0 g/l no verão.

Tabela 4. Propriedades físicas das amostras de água.

Amostras de água*	pH				Temperatura (°C)			
	S** 2011	W 2012	S 2012	W 2013	S 2011	W 2012	S 2012	W 2013
Ag	8.2	8.0	7.9	8.2	26	21	25	18
GT	8.0	8.2	8.2	8.2	30	26	28	19
DI	8.7	7.9	8.1	8.6	29	15	32	14

SG	8.1	7.9	7.8	8.0	25	16	24	14
Q	8.3	8.4	8.2	8.7	28	18	26	16
WR	8.5	8.4	8.6	8.7	28	20	23	15
Cinzas	8.6	8.4	8.1	8.6	22	16	24	17
Tapete	8.1	8.0	7.8	8.0	23	12	25	18

	Salinidade (TSS) (g/l)			
	S 2011	**W 2012**	**S 2012**	**W 2013**
Ag	39	36	40	32
GT	46	37	39	38
DI	4	2	1	3
SG	2	1	4	1
Q	33	43	31	32
WR	9	9	9	9
Cinzas	5	7	2	7
Tapete	37	36	37	37

***, Ag, Abu Galum; WG, Wadi El-Gemal; DI, Ilha de Dahab; SG, Saluga & Ghazal; Q, Lago Qaroun; WR, Lago Wadi El-rayan; Ash, Ashtum El-Gamil; Mat, Marsa Matrouh. **, S, verão; W, inverno.**

b. Poluentes químicos

A Tabela (5) e as Figuras (5, 6, 7, 8, 9 e 10) apresentam os poluentes químicos das amostras de água examinadas. Como ilustrado na Fig. (5), a concentração de amoníaco foi, em geral, a mais baixa, *por exemplo* 2µg/l, detectada em Marsa Matrouh, enquanto a mais elevada foi de 1730 µg/l na ilha de Dahab. Este facto pode ser atribuído a várias actividades humanas e agrícolas nestas zonas.

Tabela 5. Poluentes químicos das amostras de água examinadas.

PAs*	Ammonia µg/l				Nitrate µg/l				Total N mg/l			
	S** 2011	W 2012	S 2012	W 2013	S 2011	W 2012	S 2012	W 2013	S 2011	W 2012	S 2012	W 2013
WG	4	13	48	3	9	113	27	7	1	1	170	0
DI	190	200	1730	200	980	830	1390	480	3	5	2	3
SG	230	100	110	110	600	510	710	750	5	3	4	9
Q	221	422	86	298	239	5100	275	191	6	4	3	9
WR	230	229	100	433	153	110	124	95	3	3	5	2
Ash	433	433	327	760	50	110	251	80	3	4	9	4
Ag	8	8	20	4	15	16	7	23	1	1	54	0
Ma	2	0	5	8	19	233	14	8	144	0	3	1

PAs	Phosphorous µg/l				COD mg/l				BOD mg/l			
	S 2011	W 2012	S 2012	W 2013	S 2011	W 2012	S 2012	W 2013	S 2011	W 2012	S 2012	W 2013
WG	0	0	0	0	8	9	8	3	1	1	1	0
DI	150	420	780	420	5	5	5	9	2	4	4	5
SG	110	90	150	97	11	7	11	13	1	1	1	1
Q	179	258	368	101	95	50	24	36	4	4	8	4
WR	149	237	223	44	75	28	22	40	4	4	8	3
Ash	344	708	583	478	131	83	118	23	15	25	25	38
Ag	0	0	0	0	8	8	9	3	1	1	1	1
Ma	44	20	34	19	16	16	10	26	5	5	3	12

***, Ag, Abu Galum; WG, Wadi El-Gemal; DI, Ilha de Dahab; SG, Saluga & Ghazal; Q, Lago Qaroun; WR, Lago Wadi El-rayan; Ash, Ashtum El-Gamil; Mat, Marsa Matrouh. **, S, verão; W, inverno.**

Independentemente da localização, as concentrações médias de amoníaco nas amostras de água testadas variaram entre 165µg/l e 303µg/l. Independentemente do ano, as concentrações médias variaram entre 4µg/l e 960µg/l e entre 4µg/l e 597µg/l no verão e no inverno, respetivamente. Ao mesmo tempo, a média mais baixa foi detectada em Marsa Matrouh, *ou seja,* 4µg/l, tanto no verão como no inverno, enquanto o valor médio mais elevado foi detectado nas amostras de verão da ilha de Dahab, *ou seja,* 960µg/l, e nas amostras de inverno de Ashtoum Elgamil, *ou seja,* 597 µg/l.

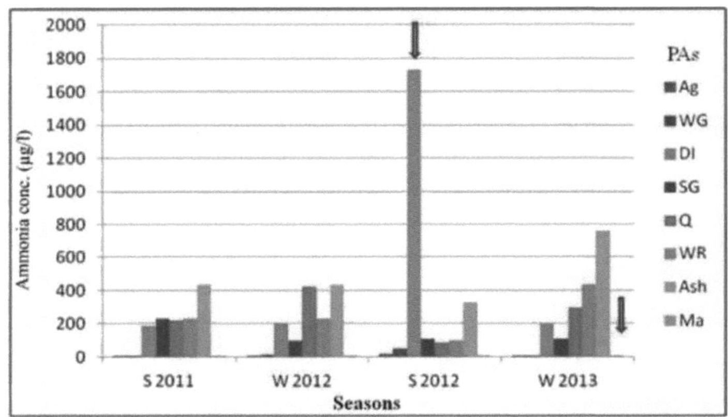

Fig. 5. Concentrações de amoníaco nas 8 APs selecionadas: Abu galum (Ag), Wadi Elgemal (WG), Ashtum Elgamil (Ash), El Omid (Mat), Qaroun (Q), Wadi El-Rayan, (WR), Saluga & Ghazal (SG), Dahab Island (DI) em diferentes estações do ano.

Os valores médios das concentrações de nitrato são clarificados na Fig. (6). A concentração de nitrato mais baixa, de 7µg/l, foi registada em Abu Galum e Wadi Elgemal e a mais elevada, de 5100 µg/l, foi observada no lago Qaroun. Independentemente da localização, os valores médios das concentrações variaram entre 204µg/l e 878µg/l. Independentemente do ano, a média variou entre 11 µg/l e 1185 µg/l e entre 20 µg/l e 2646 µg/l no verão e no inverno, respetivamente. A média mais baixa dos valores das concentrações de nitratos foi detectada em Abu Galum com 11 µg/l e 20 µg/l no verão e no inverno, respetivamente, enquanto a mais elevada foi detectada nas amostras de verão da ilha de Dahab com 1185 µg/l e nas amostras de inverno de Qaroun com 2646 µg/l.

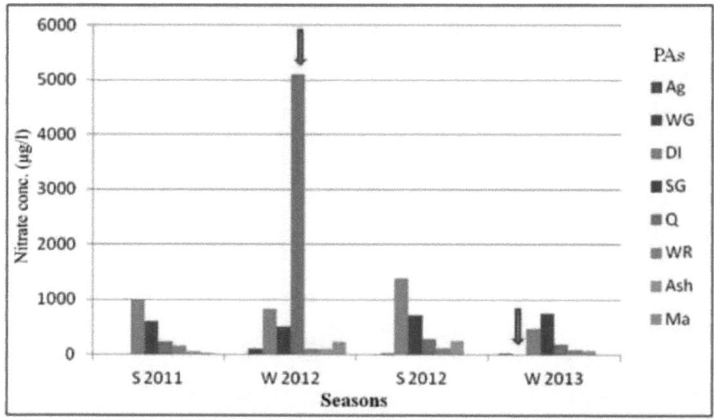

Fig. 6. Concentrações de nitrato das 8 APs selecionadas: Abu galum (Ag), Wadi Elgemal (WG), Ashtum Elgamil (Ash), El Omid (Mat), Qaroun (Q), Wadi El-Rayan, (WR), Saluga & Ghazal (SG), Dahab Island (DI) em diferentes estações do ano.

Por outro lado, a média total dos valores de azoto total (Fig.7) nas diferentes amostras de água foi de 15 mg/l. Entretanto, as concentrações mais baixas de azoto total foram registadas nas amostras de Abu Galum e Wadi Elgemal com 1 mg/l e a mais elevada foi registada em Wadi El-Gemal com 170 mg/l. Independentemente da localização, a média dos valores de azoto total variou entre 4 mg/l e 31 mg/l. Independentemente do ano, a média variou entre 3 mg/l e 86 mg/l e entre 1 mg/l e 7 mg/l, tanto no verão como no inverno, respetivamente. A concentração mais baixa foi detectada em Abu Galum, Wadi Elgemal e Marsa Matrouh, com 1 mg/l, e na ilha de Dahab, com 3, no verão; enquanto o valor mais elevado foi detectado nas amostras de inverno de Qaroun, com 7 mg/l, e no verão, em Wadi Elgemal, com 86 mg/l.

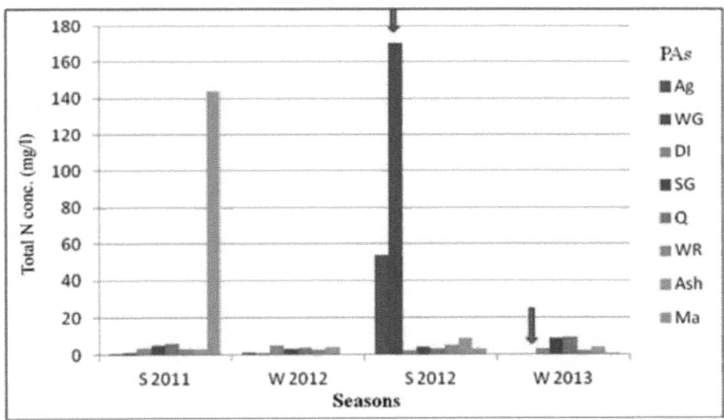

Fig. 7. Concentrações de N total das 8 APs selecionadas: Abu galum (Ag), Wadi Elgemal (WG), Ashtum Elgamil (Ash), El Omid (Mat), Qaroun (Q), Wadi El-Rayan, (WR), Saluga & Ghazal (SG), Dahab Island (DI) em diferentes estações do ano.

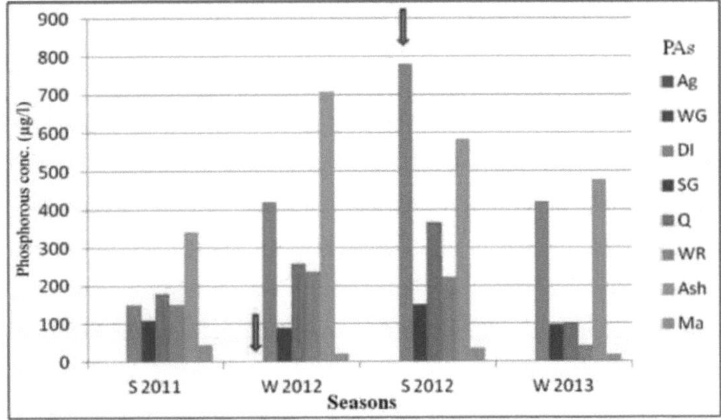

Fig. 8. Concentrações de P total das 8 APs selecionadas: Abu galum (Ag), Wadi Elgemal (WG), Ashtum Elgamil (Ash), El Omid (Mat), Qaroun (Q), Wadi El-Rayan, (WR), Saluga & Ghazal (SG), Dahab Island (DI) em diferentes

estações do ano.

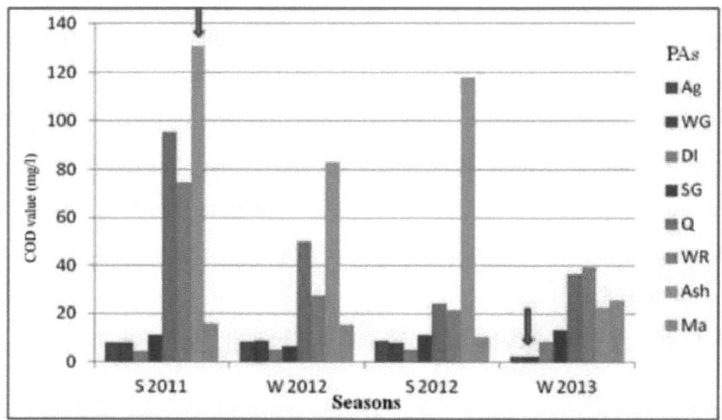

Fig. 9. Valores de CQO das 8 APs selecionadas: Abu galum (Ag), Wadi Elgemal (WG), Ashtum Elgamil (Ash), El Omid (Mat), Qaroun (Q), Wadi El-Rayan, (WR), Saluga & Ghazal (SG), Dahab Island (DI) em diferentes estações do ano.

Os dados ilustrados na Fig. (9) mostram os valores da carência química de oxigénio (COD), com um valor médio de 29 mg/l. A concentração mais baixa, *por exemplo*, 3 mg/l, foi registada nos protectorados de Wadi El-Gemal e Abu Galum, enquanto a mais elevada foi registada no protetorado de Ashtum El-Gamil, com uma média de 131 mg/l. Independentemente da localização, a média dos valores de CQO variou entre 19 mg/l e 26 mg/l. Independentemente do ano, a média variou entre 5 mg/l e 125 mg/l e entre 6 mg/l e 53 mg/l, tanto no verão como no inverno, respetivamente. A média mais baixa, *ou seja,* 5 mg/l, foi registada no verão na ilha de Dahab, enquanto a média mais elevada, de 6 mg/l, foi detectada nas amostras de inverno de Abu Galum.

Ao mesmo tempo, os valores da carência biológica de oxigénio (CBO) (Fig. 10) atingiram uma média de 6 mg/l, enquanto a concentração mais baixa de 0,41 mg/l se verificou no protetorado de Wadi El-Gemal e a mais elevada 38 mg/l no protetorado de Ashtum El-Gamil. Independentemente da localização, a média dos valores de CBO variou entre 4 mg/l e 8 mg/l. Independentemente do ano, a média variou entre 1 mg/l e 20 mg/l e entre 1 mg/l e 32 mg/l no verão e no inverno, respetivamente. Os valores médios mais baixos foram registados no verão na ilha de Dahab, enquanto os valores médios mais elevados foram detectados nas amostras de inverno de Ashtum Elgamil.

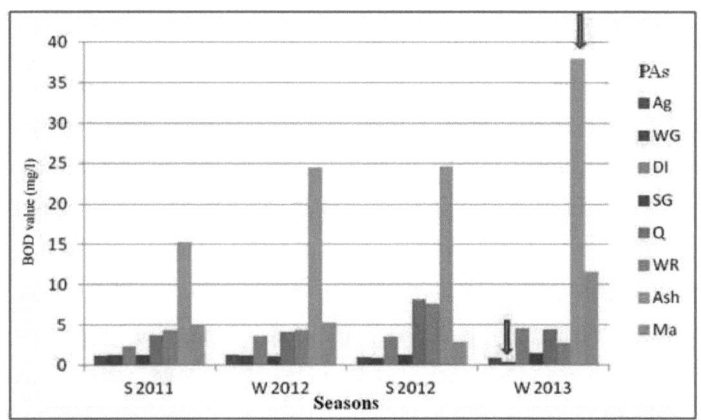

Fig. 10. Valores de CBO das 8 APs selecionadas: Abu galum (Ag), Wadi Elgemal (WG), Ashtum Elgamil (Ash), El Omid (Mat), Qaroun (Q), Wadi El-Rayan, (WR), Saluga & Ghazal (SG), Dahab Island (DI) em diferentes estações do ano.

Conforme apresentado na tabela (...), os valores dos metais pesados variam geralmenteb entre 0,06 - 742,52 µg/l. Os valores mais elevados de concentração de crómio, cobre, ferro, zinco, cádmio e níquel foram registados nas áreas protegidas de Wadi El-Rayan. A área protegida de Qaroun registou valores elevados para o mercúrio e o chumbo, enquanto Saluga e Ghazal registaram os valores mais elevados para o zinco, seguidos da ilha de Dahab para o manganês.

Tabela 5. Determinação de poluentes de metais pesados nas amostras de água examinadas.

Metal pesado	AG	GT	DI	SG	Q	WR	Cinzas	Tapete
Cr	0.82	0.73	4	18	25.38	34.3	___	3.11
Cu	5.8	4.48	18	2	7.42	146.08	120	10.39
Fe	29.8	29.76	164	10	366.96	742.52	148	50.62
Zn	13.3	17.37	5	260	16.12	118.66	150	7.81
Mn	2.03	1.91	196	10	65.05	80.7	30	4.67
Hg	0.06	0.085	___	___	0.693	0.0908	_	___
Cd	0.43	3.18	3	2	3.55	6.360	5	0.40
Ni	1.55	1.21	9	5	16.8	51.90	___	3.46
Pb	3.3	3.74	5	5	101.41	92.43	22	2.83

Cr: Crómio, Cu: Cobre, Fe: Ferro, Zn: Zinco, Mn: Manganês, Hg: Mercúrio, Cd: Cádmio, Ni: Níquel, Pb: Chumbo. Abu Galum (Ag), Wadi El Gemal (WG), Ashtoum El Gamil (Ash), El Omied (Mat), Qaroun (Q), Wadi El-Rayan (WR), Saluga & Ghazal (SG), Dahb Island (DI)

c. Poluentes microbiológicos

Durante este estudo, a contagem total de bactérias, o total de bactérias formadoras de esporos, o total de fungos, o total e coliformes fecais foram determinados em amostras de água e os resultados são apresentados na Tabela (6). Os dados revelaram que, nas amostras de verão, a contagem total de bactérias e de esporos totais variou entre 230-2200 cfu/ml e 100-750 cfu/ml, respetivamente. Nas amostras de inverno, essas contagens variaram entre 500-1220 ufc/ml e 100-700 ufc/ml, respetivamente. Independentemente do local, os dados indicaram que a média da contagem total de bactérias e de esporos totais variou entre 0,8-1,1 ufc/ml e 0,2-0,3 ufc/ml nas estações de verão e de inverno, respetivamente. Independentemente do ano, a média da contagem bacteriana total e dos formadores de esporos totais variou de 0,365 a 1,695cfu/ml e de 0,110 a 0,725cfu/ml, respetivamente.

Tabela 6. Contagens totais viáveis, total de bactérias formadoras de esporos, total de fungos, total de coliformes e coliformes fecais em amostras de água dos Protectorados testados (PAs).

PAs*	Estações**	Contagens totais	Transformador de esporos	Fungos	Coliformes totais	Coliformes fecais
			(ufc/ml)		(células/ml)	
AG	S 2012	800	120	630	140	4
	W 2013	640	120	480	200	0
GT	S 2012	500	100	120	0	0
	W 2013	720	120	110	0	0
DI	S 2012	990	120	920	450	450
	W 2013	640	120	480	450	250
SG	S 2012	230	120	920	0	0
	W 2013	500	100	920	0	0
Q	S 2012	2200	500	120	450	450
	W 2013	1190	500	800	250	250
WR	S 2012	1910	750	110	450	450
	W 2013	1220	700	120	450	450
Cinzas	S 2012	1930	130	120	750	250
	W 2013	630	350	700	250	200
Tapete	S 2012	590	120	200	200	4
	W 2013	500	120	200	70	4

***, Ag, Abu Galum; WG, Wadi El-Gemal; DI, Ilha de Dahab; SG, Saluga & Ghazal; Q, Lago Qaroun; WR, Lago Wadi El-rayan; Ash, Ashtum El-Gamil; Mat, Marsa Matrouh. **, S, verão; W, inverno.**

Do mesmo modo, os resultados indicaram que as contagens de fungos variaram entre 110-920 e 120-920 ufc/ml nas amostras de verão e de inverno, por esta ordem. As contagens médias de fungos variaram entre 0,4-0,5 cfu/ml e 12-92 cfu/ml nas amostras de verão e inverno, por esta ordem, independentemente da localização. Independentemente do ano, as contagens médias de fungos variaram entre 0,115 e 0,920cfu/ml.

Entretanto, foram detectados coliformes totais e fecais, uma vez que os coliformes totais variaram entre 0 e 750 células/ml, respetivamente, no verão, enquanto nas amostras de inverno variaram entre 0 e 450 células/ml. A densidade de coliformes fecais foi de 0 células/ml e 45 células/ml, respetivamente no verão e no inverno. A média de coliformes totais e fecais variou de 0 a 450 células/ml e de 0 a 350 células/ml, respetivamente. Nas amostras de verão, a média de coliformes totais e fecais registou 131,8 e 121,4 células/ml, respetivamente, ao passo que nas amostras de inverno foram registadas 150,3 e 42,6 células/ml, pela mesma ordem.

2. Identificação da diversidade de cianobactérias

a. Isolamento, purificação e identificação das espécies de cianobactérias dominantes

As amostras de água recolhidas que foram submetidas a enriquecimento e cultivo das espécies dominantes de cianobactérias deram um resultado positivo com apenas 6 protectorados, como apresentado na Tabela (7), a ocorrência relativa de cianobactérias no verão de 2012 e no inverno de 2013 foi muito maior do que as amostras do verão de 2011 e do inverno de 2012. Os resultados também indicaram que o meio mais eficaz para a seleção de cianobactérias foi o BG-11, tanto em amostras de água marinha como de água doce.

No que diz respeito aos protectorados selecionados, é indicado que o melhor crescimento foi observado nas amostras de Wadi El-Gemal, Saluga & Ghazal, Lago Qaroun, Wadi El-Rayan e Ashtum El-Gamil no verão de 2012 (Quadro 7), enquanto a maior presença de cianobactérias foi observada no verão de 2013.

Um total de 6 isolados de cianobactérias foram purificados e identificados de acordo com Rippka *et al.* (1979) no que diz respeito às caraterísticas morfológicas, *por exemplo,* forma da célula vegetativa, heterocisto (presença ou ausência), presença de akinatos. A Tabela (8) e a Fig. (11) podem indicar que as culturas purificadas pertenciam aos germes *Oscillutoria, Phormidium, Pseudoanabaena e Anabaena.*

Tabela 7. Ocorrência relativa de cianobactérias em várias culturas de enriquecimento de vários protectorados (PAs).

Pas	Seasons			
	S_2011	W_2012	S_2012	W_2013
AG	-	-	-	-
WG	-	-	+++	+
DI	-	-	++	+
SG	-	-	+++	+++
Q	+	+	+++	++
WR	+	+	+++	++
Ash	++	+	+++	+++
Mat	-	-	-	-

+++, good; ++, moderate; +, weak; -, no growth

Tabela 2. Caraterísticas morfológicas das culturas de cianobactérias.

Culture	filamentous	trichom	sheath	Vegetative cell	Heterocyst	Presence of akinate	Suggested genus
WG	√	√	P	cylindrical	P	A	Anabaena
Ash	√	√	P	Disc shape Not separated by constrictions	A	A	Oscillatoria
Q	√	√	P	Cylindrical	P	A	Anabaena
WR	√	√	P	Cylindrical	P	A	Anabaena
DI	√	√	P	Cylindrical	A	A	Phormidium
SG	√	√	A	Cylindrical separated by constrictions	A	A	Pseudoanabaena

WG, Wadi El-Gemal; DI, Ilha de Dahab; SG, Saluga & Ghazal; Q, Lago Qaroun; WR, Lago Wadi El rayan; Ash, Ashtum El-Gamil; P, presente; A, ausente.

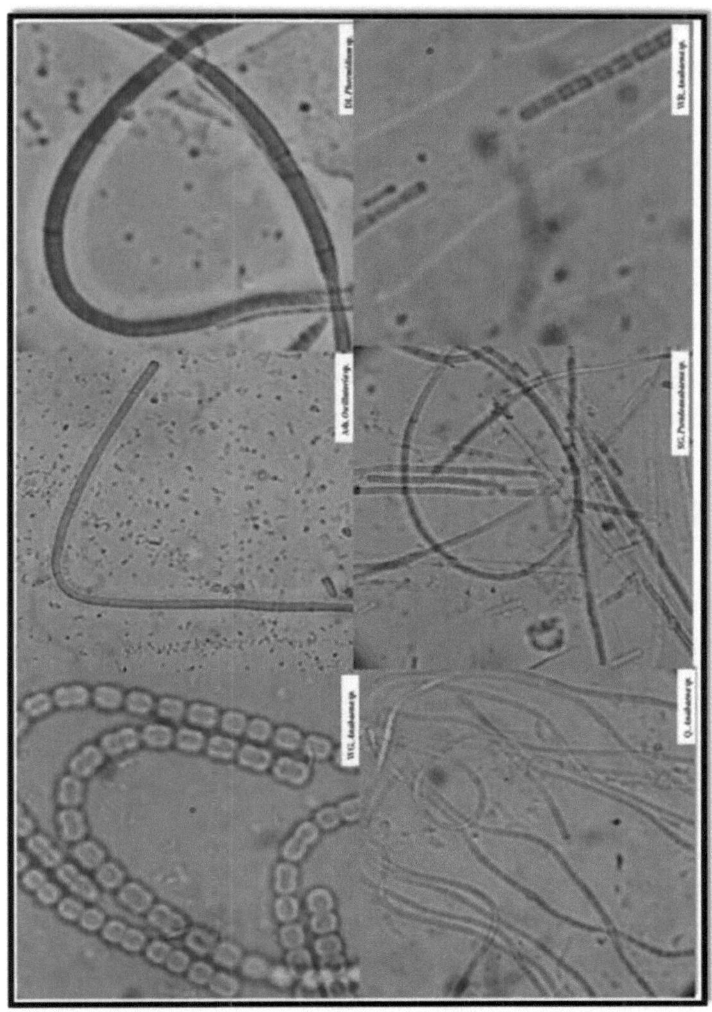

Fig.11. WG, *Anabaena* sp.; Ash, *Oscillutoria* sp.; DI, *Phormidium* sp.; Q, *Anabaena* sp.; SG, *Pseudoanabaena* sp.; WR, *Anabaena* sp.

As amostras de água recolhidas que foram submetidas a fixação e identificação de cianobactérias através de um método de gota da solução de Lugol resultaram em 48 espécies isoladas, pertencentes a 4 ordens, 11 famílias e 16 géneros (Tabela 8), a *saber* em Ashtum El-Gamil foram detetadas *Oscillutoria* sp. e *Spiriulina* sp. na ilha de Dahab *Phormidium* sp. e *Gloeocapsa* sp.; em Saluga e Ghazal *Pseudoanabaena* sp.; em *QarounAnabaena* sp. Enquanto em Wadi El-Rayan *Nostoc* sp. e *Anabaena* sp, também em Wadi El-Gemal foi detectada *Anabaena* sp. Apenas seis isolados foram obtidos como culturas puras *Oscillatoria* sp. de Ashtum El-Gamil, *Phormidium* sp. da ilha de Dahab, *Pseudoanabaena* sp. de Saluga e Ghazal e *Anabaena* sp. de Qaroun, Wadi El-Rayan e Wadi El-Gemal (Fig. 11).

A ocorrência relativa de cianobactérias (quadro 7) no verão e no inverno de 2013 é melhor do que no verão de 2011 e no inverno de 2012. A ocorrência relativa de cianobactérias em Abu Galoum e Marsa Matrouh apresentou resultados negativos em relação a qualquer outra área protegida. De um modo geral, as cianobactérias registaram um melhor crescimento no verão do que no inverno de 2011-2013.

A melhor ocorrência registada de cianobactérias foi obtida através da obtenção de culturas saudáveis e do exame microscópico no verão de 2012 e no inverno de 2013, e o melhor registo foi no protetorado de Astoum Elgamil.

Tabela 8. Diversidade de espécies de cianobactérias em alguns dos protectorados egípcios testados durante este estudo.

	Taxa	WR	Q	DI	SG	GT	Cinzas
	Anabaena Bory						
1	*Anabaena circinalis* Rabenhorst	___	+	+	+	___	___
2	*Anabaena flos- aquae* Brebisson	___	+	+	+	___	___
3	*Anabaena inaequalis* (Kutzing) Bornet & Flahawt	___	+	+	+	___	___
4	*Anabaena sp.* Bory	___	___	___	___	+	___
5	*Anabaena variabilis* Kütz. ex Born. et Flah. *Aphanocapsa* Naegeli	+	___	___	___	___	___
6	*Aphanocapsa koordersi* Strom.	+	___	___	___	___	___
7	*Aphanotheca nidulans* P. Richter *Chroococcus* Naegeli	___	+	+	+	___	___
8	*Chroococcus limneticus* Lemmermann	___	+	+	+	___	___
9	*Chroococcus minutus* (Kütz.) Näg.	+	+	+	+	___	___
10	*Chroococcus turgidus* (Kutzing) Nageli *Eucapsis* Clements e Shanz	___	+	+	+	___	___
11	*Eucapsis minuta* F.E.Fritsch *Gloeocapsa* Kützing	___	+	+	+	___	___
12	*Gloeocapsa decorticans* (A.Br.) Richter	+	___	___	___	___	___
13	*Gloeocapsa sanguinea* Kuetzing	___	+	+	+	___	___
	Gomphosphaeria Kützing						
14	*Gomphosphaeria aponina* Kütz.	+	+	+	+	___	___
15	*Gomphosphaeria compacta* (lemmer.) Strom	___	+	+	+	___	___
16	*Gomphosphaeria lacustris* Chodat *Lyngbya* C. Agardh	___	+	+	+	___	___
17	*Lyngbya limnetica* Lemmermann *Merismopedia* Meyen	___	+	+	+	___	___
18	*Merismopedia convoluta var. minor* (Wille) Tiffany & Ahlstrom	___	+	+	+	___	___
19	*Merismopedia elegans* A.Braun	___	+	+	+	___	___

20	*Merismopedia glauca* (Ehrenberg)Nageli	___	+	+	+	___	___
21	*Merismopedia major* (G.M. Smith) Geitler	___	+	+	+	___	___
22	*Merismopedia punctata* Meyen	+	+	+	+	___	___
23	*Merismopedia tenuissima* Lemmermann *Microcystis* Kützing	+	+	+	+	___	___
24	*Microcystis aeruginosa* Kütz.	+	+	+	+	---	---
25	*Microcystis flos - aquae* (Witlr.) Kirchner *Myxosarcina* Printz	+	+	+	+	---	---
26	*Myxosarcina burmensis* Skuja *Nostoc* Vaucher	+	---	---	---	---	---
27	*Nostoc sp.* Vaucher	---	---	---	---	---	+
28	*Nostoc carneum* Ag.	---	+	+	+	---	---
29	*Nostoc kihlamanii* Lemmermann	---	+	+	+	---	---
30	*Nostocpruniforme* C.A. Agardh	---	+	+	+	---	---
31	*Nostoc verrucosum* (Vaucher) Hist. *Oscillatoria* Vaucher	---	+	+	+	---	---
32	*Oscillatoria claricentrosa* Gardner	+	---	---	---	---	---
33	*Oscillatoria foreoui* Frémy	+	---	---	---	---	---
34	*Oscillatoria limosa* C. A. Agardh	---	+	+	+	---	---
35	*Oscillatoria okeni* Ag. ex Gomont	+	---	---	---	---	---
36	*Oscillatoria princeps* Vaucher	---	+	+	+	---	---
37	*Oscillatoria sp.* Vaucher	---	---	---	---	---	+
38	*Oscillatoria tenuis* C. A. Agardh *Phormidium* Kützing	---	+	+	+	---	---
39	*Phormidium angustissimum* W. et G. S. West	+	---	---	---	---	---
40	*Phormidium fragile* (Meneghini) Gomont	+	---	---	---	---	---
41	*Phormidium laminose* (Agardh) Gomont	---	+	+	+	---	---
42	*Phormidium retzii* Gomont *Radaisia* Fremy	---	+	+	+	---	---
43	*Radaisia violacea* Fremy *Spirulina* Turpin	---	+	+	+	---	---
44	*Spirulina laxissima* G.S.West	---	+	+	+	---	---
45	*Spirulina major* Kutz.	---	+	+	+	---	---
46	*Spirulina platensis* (Nordstedi) Geitler	---	+	+	+	---	---
47	*Spirulina princeps* (W & G. S. West) G. S. West	---	+	+	+	---	---
48	*Spirulina sp.* Turpin	---	---	---	---	---	+

WR= Wadi El-Rayan, Q= Lago Qaroun, DI= Ilha de Dahab, SG= Saluga e Ghazal, WG= Wadi El-gemal, Ash= Ashtoum Elgamel; + , presente; -, ausente.

b. Relação filogenética entre as espécies dominantes de cianobactérias

Durante este estudo, o DNA foi isolado e purificado de acordo com Morin *et al.* (2010); a técnica molecular RAPD foi realizada, os padrões de bandas gerados pelas análises dos marcadores RAPD-PCR foram comparados e a variação genética entre 6 isolados também foi determinada. Os cinco primers universais utilizados resultaram em 74 bandas totais marcáveis e 72 bandas polimórficas, o que significa 97% de polimorfismo, como se pode ver nas Figs. (12, 13, 14, 15 e 16) e nas Tabelas (9, 10, 11, 12, 13 e 14).

O marcador RAPD específico do genótipo - descrito como o aparecimento de apenas uma banda em diferentes pistas - é apresentado no quadro 15. As bandas únicas que representam o marcador RAPD específico do genótipo foram 4 para a ilha de Dahab e Saluga & Ghazal, 1 para Qaroun, 2 para Wady El-Rayan, 3 para Ashtum El-Gamil e Wadi El-Gemal.

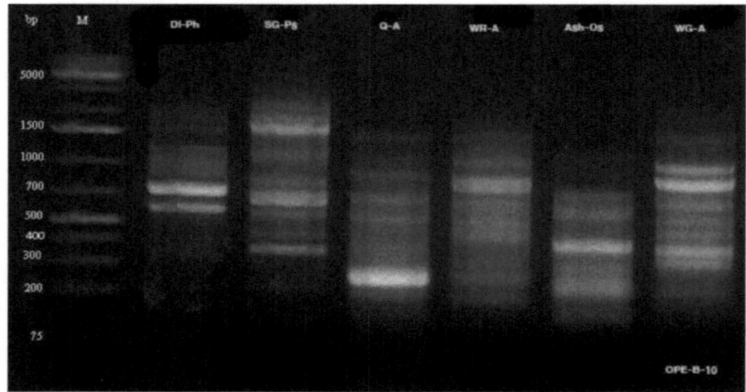

Fig.12. Eletroforese em gel de agarose (0,5%), padrão de primers RAPD OPE-B-10 de seis isolados de cianobactérias de seis AP examinadas; Ilha Dahb (DI), Saluga & Ghazal (SG), Qaroun (Q), Wadi El Gemal (WG), Ashtoum El Gamil (Ash), Wadi El-Rayan (WR). Os números do lado esquerdo correspondem ao peso molecular, Marcador (M).

Tabela 9. Folha de pontuação para as reacções RAPD polimórficas resultantes do OPE- B-10.

OPE-B-10	MW	DI	SG	Qa	WR	Cinzas	GT
	1500	1	1	0	0	0	0
	1400	0	0	1	1	0	1
	1000	0	0	0	1	0	1
	950	0	0	1	1	0	1
	800	1	1	1	1	1	0
	700	1	0	1	1	0	1
	600	1	0	1	1	0	1
	520	1	0	0	0	0	0
	500	0	1	1	0	1	1
	450	1	1	1	1	0	1
	400	0	0	0	1	0	1
	350	0	1	0	0	1	1
	300	0	0	0	1	1	0
	250	0	0	1	1	1	0
	200	0	0	1	1	0	0
	150	0	0	0	0	1	0
Total	**16**						

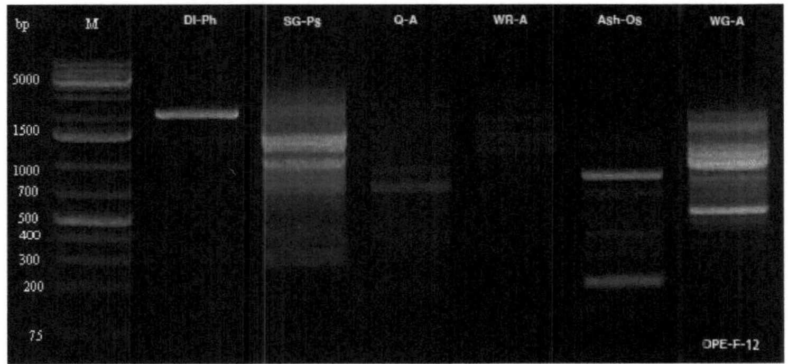

Fig.13. Eletroforese em gel de agarose (0,5%), padrão de primers RAPD OPE-F-12 de seis isolados de cianobactérias de seis AP examinadas: Ilha Dahb (DI), Saluga & Ghazal (SG), Qaroun (Q), Wadi El Gemal (WG), Ashtoum El Gamil (Ash), Wadi El-Rayan (WR). Os números do lado esquerdo correspondem ao peso molecular, Marcador (M).

Tabela 10. Folha de pontuação para as reacções RAPD polimórficas resultantes do OPE-F-12.

OPE-F-12	MW	DI	SG	Qa	WR	Cinzas	GT
	3000	0	1	0	0	0	0
	2500	0	0	1	0	0	0
	2100	1	0	0	0	0	0
	2000	0	0	1	1	0	1
	1600	0	0	0	0	0	1
	1500	0	1	0	1	1	1
	1300	1	1	0	0	1	1
	1200	0	0	0	0	0	1
	1000	0	1	0	0	0	1
	900	0	0	1	0	0	1
	800	0	0	0	0	1	1
	700	0	1	1	0	1	0
	550	1	0	0	0	1	1
	450	0	0	0	0	0	1
	400	0	1	1	0	1	0
	300	0	1	0	0	1	1
	200	0	0	1	0	1	0
Total	**17**						

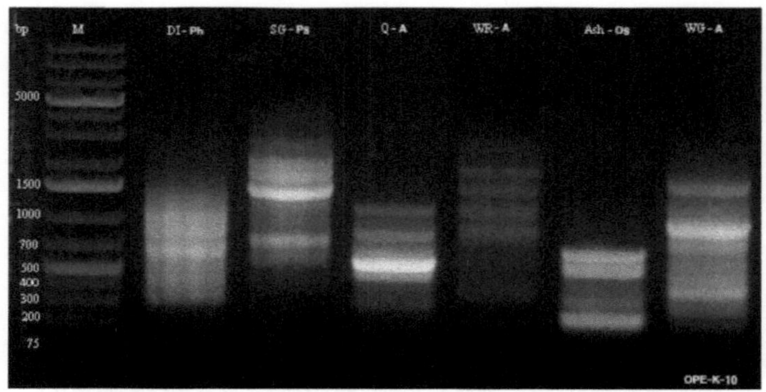

Fig.14. Eletroforese em gel de agarose (0,5%), padrão de primers RAPD OPE-K-10 de seis isolados de cianobactérias de seis AP examinadas; Ilha Dahb (DI), Saluga & Ghazal (SG), Qaroun (Q), Wadi El Gemal (WG), Ashtoum El Gamil (Ash), Wadi El-Rayan (WR). Os números do lado esquerdo correspondem ao peso molecular, Marcador (M).

Tabela 11. Folha de pontuação para as reacções RAPD polimórficas resultantes do OPE-K-10.

OPE-K-10	MW	DI	SG	Qa	WR	Cinzas	GT
	2700	0	1	0	0	0	0
	2000	0	1	0	1	0	0
	1800	0	1	0	0	0	1
	1500	0	1	0	1	0	0
	1100	0	0	1	1	0	0
	1000	1	0	1	1	0	1
	800	0	1	1	0	0	1
	700	1	0	1	0	1	0
	500	0	0	1	0	1	1
	450	0	0	1	0	0	1
	400	0	0	1	1	1	1
	300	1	0	0	0	1	1
	250	0	0	0	0	1	1
Total	13						

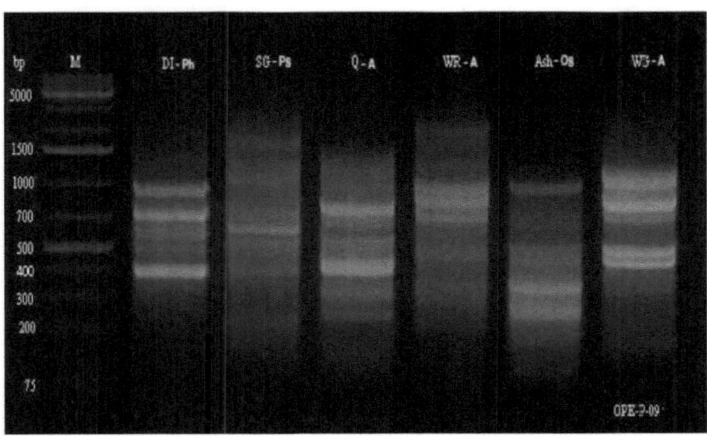

Fig.15. Eletroforese em gel de agarose (0,5%), padrão de primers RAPD OPE-P-09 de seis isolados de cianobactérias de seis AP examinadas; Ilha Dahb (DI), Saluga & Ghazal (SG), Qaroun (Q), Wadi El Gemal (WG), Ashtoum El Gamil (Ash), Wadi El-Rayan (WR). Os números do lado esquerdo correspondem ao peso molecular, Marcador (M).

Tabela 12. Folha de pontuação para as reacções RAPD polimórficas resultantes do OPE-P-09.

OPE-P-09	MW	DI	SG	Qa	WR	Cinzas	GT
	3200	0	0	0	1	0	0
	1600	0	1	0	0	0	0
	1500	0	1	1	1	0	0
	1400	1	1	1	1	1	1
	1000	0	0	1	1	0	1
	800	1	0	1	1	0	1
	700	0	1	1	0	0	0
	600	1	0	1	1	1	1
	500	0	0	0	1	0	1
	450	1	1	1	0	0	0
	400	0	0	1	0	1	0
	300	0	0	1	0	1	0
	250	0	0	1	0	1	0
	200	0	1	0	0	0	0
Total	14						

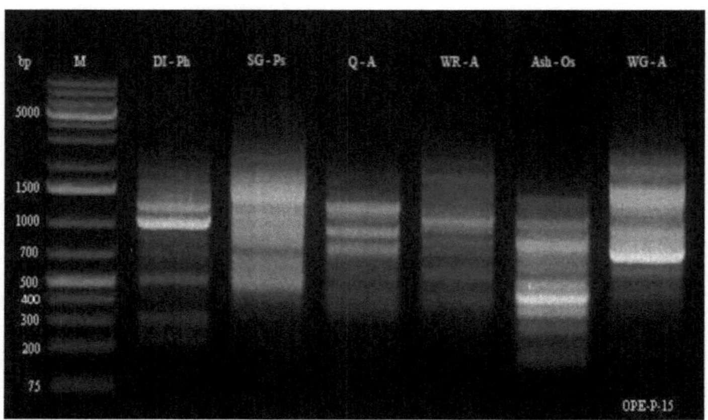

Fig.16. Eletroforese em gel de agarose (0,5%), padrão de primers RAPD OPE-P-15 de seis isolados de cianobactérias de seis AP examinadas; Ilha Dahb (DI), Saluga & Ghazal (SG), Qaroun (Q), Wadi El Gemal (WG), Ashtoum El Gamil (Ash), Wadi El-Rayan (WR). Os números do lado esquerdo correspondem ao peso molecular, Marcador (M).

Tabela 13. Folha de pontuação para as reacções RAPD polimórficas resultantes do OPE-P-15.

OPE-P-15	MW	DI	SG	Qa	WR	Cinzas	GT
	2100	0	0	0	1	0	0
	1600	0	0	0	1	0	1
	1500	0	1	0	0	0	1
	1200	1	0	1	0	1	0
	1000	1	0	1	0	0	1
	850	0	0	1	1	1	0
	700	1	1	1	1	1	1
	600	0	0	1	1	1	1
	500	1	1	0	0	1	1
	400	0	0	0	1	1	0
	350	0	0	0	0	1	0
	300	1	0	0	0	0	0
	210	1	0	0	0	0	0
	120	0	0	0	0	1	0
Total	14						

Tabela 14. Percentagem de polimorfismo entre os isolados testados utilizando 5 primers diferentes.

Nome do iniciador	N.º de bandas classificáveis	N.º de bandas polimórficas	Polimorfismo %
B-10	16	16	100
F-12	17	17	100
K-10	13	13	100

P-09	14	13	92.8
P-15	14	13	92.8
Total	**74**	**72**	**97.3**

A figura (17) mostra a relação filogenética entre 6 culturas utilizadas de 6 APs testadas. Está bem ilustrado que a árvore de agrupamento está dividida em 3 ramos principais: o primeiro pertence à AP Ashtum El-Gamil, que representa um ecossistema marinho nc Mediterrâneo, o segundo refere-se às APs Saluga & Ghazal e Dahab Island, que pertencem a um ambiente de água doce no rio Nilo, enquanto o último se divide em 2 sub-ramos, um representa a AP Wadi El-Gemal como um ambiente marinho no Mar Vermelho e o segundo representa as APs Wadi El-Rayan e Qaroun como um habitat salobro em Fayoum. A este respeito, é obviamente demonstrado que as AP de Wadi El-Rayan e Qaroun têm caraterísticas ecológicas semelhantes devido à descarga de resíduos agrícolas e de águas residuais, o que leva ao aumento da salinidade desses lagos. De facto, estes resultados estão de acordo com os relatórios anuais da Agência Egípcia para os Assuntos Ambientais (EEAA) (2010-2013).

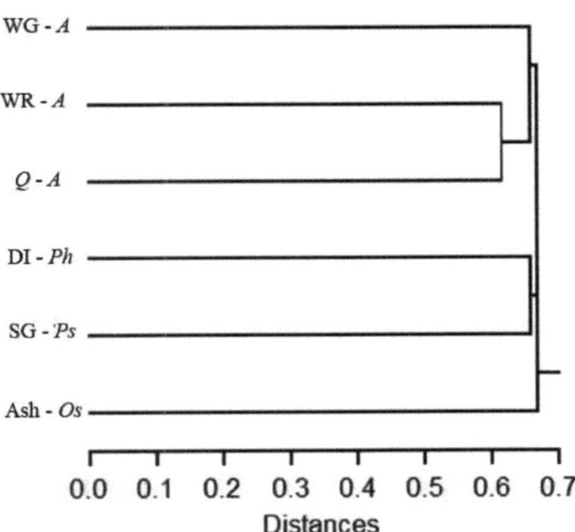

Fig.17. Árvore de agrupamento de seis isolados representando seis áreas protegidas em estudo *Dl-Ph*, Ilha de Dahab - *Phormidium* ; *SG-Ps*, Saluga e Ghazal - *Pseudoanabaena; Q-A*, Qaroun - *Anabaena*, WR- *A*, Wadi El-Rayan - *Anabaena; Ash-Os*, Ashtoum Elgamel - *Oscillatoria* ; *WG-A*, Wadi El- *gemal-Anabaena*

A elevada percentagem de polimorfismo (Tabela 14) pode referir-se ao efeito dos habitats nestes isolados (Foster et al., 2009) e explica porque é que estes isolados podem ser morfologicamente semelhantes mas geneticamente distintos.

Tabela 15. Marcadores RAPD específicos do genótipo de cada isolado de cianobactéria testado.

Isolados	Marcador específico RAPD (bp)	Total
DI - *Ph*	OPE-B-10 (520), OPE-F-12 (2100), OPE-P-15 (300,210)	4
SG - *Ps*	OPE-F-12 (3000), OPE-K-10 (2700), OPE-P-09 (1600, 200)	4
Q - *A*	OPE-F-12 (2500)	1
WR - *A*	OPE-P-09 (3200), OPE-P-15 (2100)	2
Cinzas - *Os*	OPE-B-10 (150), OPE-P-15 (350, 120)	3
GT - *A*	OPE-F-12 (1600, 1200, 450)	3
Total		**17**

***DI-Ph,* Ilha de Dahab - *Phormidium* ; *SG-Ps,* Saluga e Ghazal - *Pseudoanabaena; Q-A,* Qaroun - *Anabaena,* WR-*A*, Wadi El-Rayan - *Anabaena; Ash-Os,* Ashtoum Elgamel - *Oscillatoria* ; *WG-A,* Wadi *El-gemal* - Anabaena**

c. Distribuição geográfica das cianobactérias nos últimos dez anos

Utilizando ArcGIS, ArcMap 10.1, @2012Esri e Google Earth Data SIO, NOAA, U.S. Navy, NGA GEBCO, Image landsat, Image IBCAO, Image U.S. Geological Survey, 2014, os 128 registos que pertencem aos 48 isolados foram verificados quanto à sua área de distribuição.

Tal como ilustrado na Fig. (4), as seis áreas protegidas investigadas representam três habitats diferentes com três cores diferentes: o vermelho representa habitats marinhos, o azul representa habitats de água doce e o verde representa habitats salobros.

Os 48 isolados de cianobactérias pertencem a quatro ordens principais *Chroococcales, Nostocales, Oscillatoriales, Synechococcales;* e a onze famílias *Chroococcaceae, Cyanobacteriaceae, Gomphosphaeriaceae, Hydrococcaceae, Merismopediaceae, Microcystaceae, Nostocaceae, Oscillatoriaceae, Phormidiaceae, Spirulinaceae, Xenococcaceae*.

As 4 ordens principais distribuíram-se da seguinte forma: as ordens *Chroococcales* e *Nostocales* apareceram em habitat fresco nos protectorados de Dahab Island e Saluga & Ghazal, em habitat salobro nos protectorados de Wadi El Rayan e Qaroun e em habitat marinho apenas no protetorado de Ashtom Elgamil. A ordem *Oscillatoriales* estava presente em todos os seis protectorados examinados quanto à presença de cianobactérias: Ilha de Dahab, Saluga & Ghazal, Wadi El Rayan, Qaroun, Ashtum Elgemal e Wadi Elgemil. A ordem *Synechococcales* apareceu em habitats frescos e salobros nos protectorados de Dahab Island, Saluga & Ghazal, Wadi El Rayan e Qaroun.

Os 48 isolados pertenciam a 11 famílias e distribuíam-se da seguinte forma: *Chroococcaceae, Gomphosphaeriaceae, Merismopediaceae* e *Microcystaceae* apareceram em habitats frescos e salobros nos protectorados de Dahab Island, Saluga & Ghazal, Wadi El-Rayan e Qaroun . *Cyanobacteriaceae* e *Hydrococcaceae* apareceram nos protectorados de Qaroun, Dahab Island e Saluga & Ghazal. *As Spirulinaceae* apareceram nos protectorados da ilha de Dahab, Saluga & Ghazal, Qaroun e Ashtum Elgemal. *Nostocaceae* e *Oscillatoriaceae* surgiram nos protectorados de Dahab, Saluga & Ghazal, Wadi El Rayan, Qaroun e Ashtum Elgemal. *As Phormidiaceae* apareceram nos protectorados da ilha de Dahab, Saluga & Ghazal, Qaroun e Wadi Elgemal. Entretanto, *as Xenococcaceae* apareceram apenas no protetorado de Wadi El-Rayan.

Os géneros mais comuns existentes em ambos os habitats marinhos, frescos e salobros são *Anabaena, Chroococcus, Gloeocapsa, Gomphosphaeria, Merismopedia, Microcystis, Nostoc, Oscillatoria, Phormidium e Spirulina*. Enquanto *Eucapsis, Lyngbya* e *Radaisia* foram isoladas de habitats frescos e salobros; *Aphanocapsa* e *Myxosarcina* mostraram um compromisso estrito com o habitat salobro, mas apenas com o protetorado de Wadi El-Rayan.

Algumas espécies alinharam-se apenas com um tipo de habitats. A Fig. (18) demonstra a gama de distribuição geográfica destas espécies, *i.e*, *Anabaena variabilis*, *Aphanocapsa koordersi*, *Gloeocapsa decorticans*, *Myxosarcina burmensis*, *Oscillatoria claricentrosa*, *Oscillatoria foreoui*, *Oscillatoria okeni*, *Phormidium angustissimum* e *Phormidium fragile* no protetorado de Wadi El-Rayan; *Anabaena* sp. no protetorado de Wadi Elgemal, *Nostoc* sp, *Oscillatoria* sp. *e Spirulina* sp. no protetorado de Ashtum El-Gamil.

Como parte da atualização da base de dados nacional de biodiversidade para microrganismos, foram adicionados 128 registos de Mohammed (2002), Hamed (2005), Hamed *et al.* (2007), Hamed (2008), Shehata *et al.* (2008), Abd El-Hady *et al.* (2012) e Naguib *et al.* (2014). Os novos registos adicionados à base de dados foram 916 registos de cianobactérias desde 1990 até 2014 para 218 espécies.

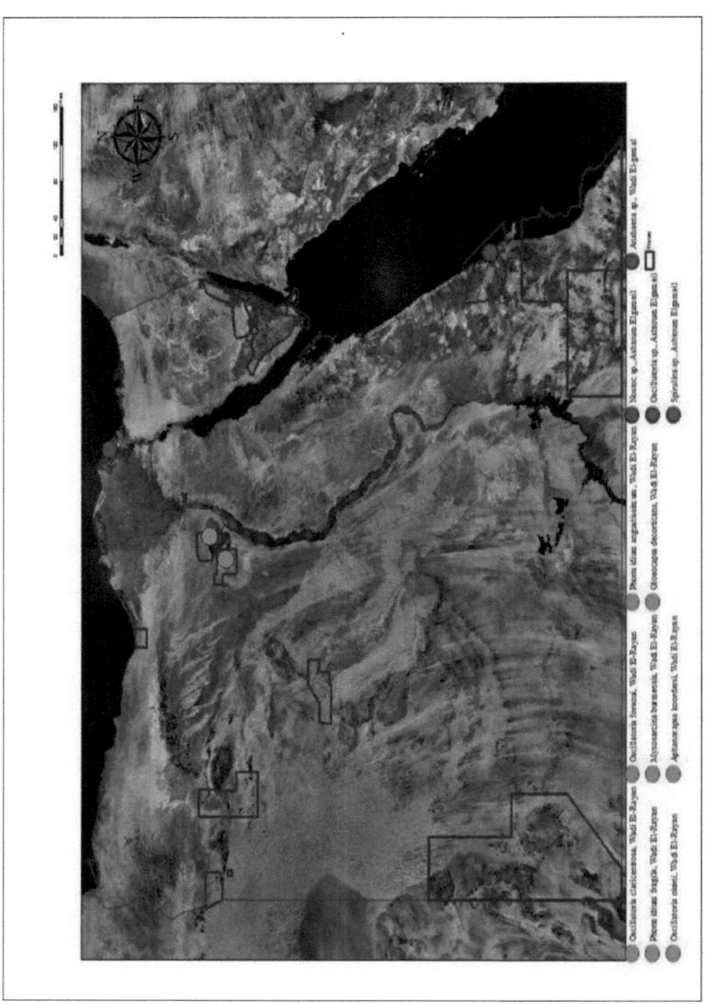

Fig. 18. Espécies alinhadas com apenas um tipo de habitat.

As cianobactérias despertaram a atenção de muitos investigadores e cientistas, que se dedicaram a estudar a sua diversidade nos últimos dez anos no Egito e, tal como representado na Fig. (19), muitos investigadores, como Mohammed (2002), estudaram a biodiversidade de cianobactérias em alguns canais de irrigação na província de Al-Ismailiya como habitat salobro; Hamed (2005) estudou-a no Vale do Nilo e no Sul do Sinai; Hamed *et al.* (2007) estudaram a cianodiversidade em habitats marinhos dos lagos de Wadi El-Natrun (lago El-Fasda, lago El-Gaar, lago El-Hamra, zona húmida El-Karnak, lago El-Khadra, lago El-

Sabkha, lago El-Zaagig e lago Um El- Risha).

Mais tarde, em 2008, Hamed investigou a biodiversidade de cianobactérias em alguns habitats salobros do lago El-Temsah e de Ain Helwan, em habitats de água doce do oásis de Bahariya e em habitats marinhos de alguns lagos de Wadi El-Natrun. Shehata *et al.* (2008) analisaram o padrão de distribuição de cianobactérias na água do rio Nilo. Abd El-Hady *et al.* (2012) estudaram a variação regional e sazonal de cianobactérias no canal de Ismailia. Os tipos de habitats de cada local com as coordenadas são apresentados na Tabela (16).

Ao traçar a área de distribuição de diferentes espécies de cianobactérias, foi possível revelar que as cianobactérias se distribuíam geograficamente desde os lagos Wadi El-Natroun, Oásis de Baharyia até ao Nilo, Sinai pinesuillam, Fayoum e Mar Vermelho (Fig. 20, 21, 22, 23 e 24) e que *as Chroococcales* habitam habitats frescos, salobros e marinhos. A gama de distribuição: de Wadi El-Natroun e Baharyia Oasis ao Nilo, Mediterrâneo, depois Sinai e finalmente Mar Vermelho.

Foram isoladas e identificadas 52 espécies da ordem *Chroococcales*, com 239 registos pertencentes a 10 famílias. A ordem *Nostocales* registou 152 registos, pertencentes a 2 famílias e 21 espécies. *Oscillatoriales* obteve 312 registos pertencentes a 5 famílias.

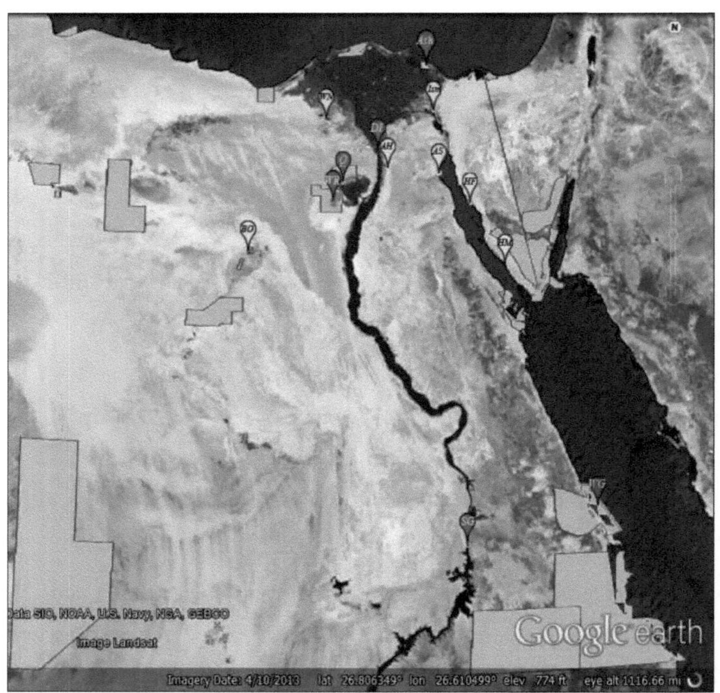

Fig.19. Locais que foram investigados quanto à presença de cianobactérias por Abd El-Hady *et al.* (2012), Hamed (2005), Hamed *et al.* (2007), Hamed (2008), Shehata *et al.* (2008), Mohammed (2002) e este estudo. O ícone vermelho representa a localização do presente estudo, enquanto os amarelos representam os outros. Por Google earth Data SIO, NOAA, U.S. Navy, NGA GEBCO, Imagem landsat, Imagem IBCAO, Imagem U.S. Geological Survey, 2014.

Tabela 16. Gama de distribuição das cianobactérias de 2005 a 2014.

Localização	Lat	Lon	habitat
Ain El-Goag (Oásis de Bahariya)	28.416444	28.868333	Fresco
Ain El-Hobga (Oásis de Bahariya)	28.399813	28.864585	Fresco
Ain El-Mahabes (Oásis de Bahariya)	27.989503	28.69682	Fresco
Ain El-Nibika (Oásis de Bahariya)	28.3817333	28.865967	Fresco
Ain El-Ramla (Oásis de Bahariya)	28.402533	28.854025	Fresco
Ain Halfa (Oásis de Bahariya)	28.353694	28.835833	Fresco
Lago El-Fasda (Wadi El-Natrun)	30.324276	30.408755	Marinha
Lago El-Gaar (Wadi El-Natrun)	30.459759	30.170777	Marinha
Lago El-Hamra (Wadi El-Natrun)	30.395524	30.317537	Marinha
Zona húmida de El-Karnak (Wadi El-Natrun)	30.431427	30.245435	Marinha
Lago El-Khadra (Wadi El-Natrun)	30.441565	30.225243	Marinha
Lago El-Sabkha (Wadi El-Natrun)	30.441112	30.21216	Marinha
Lago El-Zaagig (Wadi El-Natrun)	30.404543	30.298806	Marinha
Lago Um El-Risha (Wadi El-Natrun)	30.340569	30.39099	Marinha
Ain El-Sokhna	29.610507	32.368778	Marinha
Lago El-Temsah	30.572051	32.294074	Marinha
Ismailia_Canal de irrigação (Isamilia)	30.625826	32.249137	Salobra
Hammam Faroun	29.18721	32.973036	Marinha
Oyoun Musa	28.386978	33.865847	Salobra
Ismailia_Canal de irrigação	30.625826	32.249137	Salobra
Ain Helwan	29.860981	31.32431	Salobra

Entretanto, 76 registos de *Pseudanabaenales* pertenciam a 2 famílias e 18 espécies, com uma área de distribuição: de Wadi El-Natroun, Fayoum e Baharyia Oasis ao Nilo, depois ao Sinai e, finalmente, ao Mar Vermelho. *Synechococcales* registou 137 pertencentes a 3 famílias e 32 espécies, com uma área de distribuição desde Wadi El-Natroun, Fayoum e Baharyia Oasis até ao Nilo, Mediterrâneo, depois Sinai e, finalmente, Mar Vermelho.

Fig.21. Localização do Oásis de Baharyia que foi utilizada por Hamed (2008).

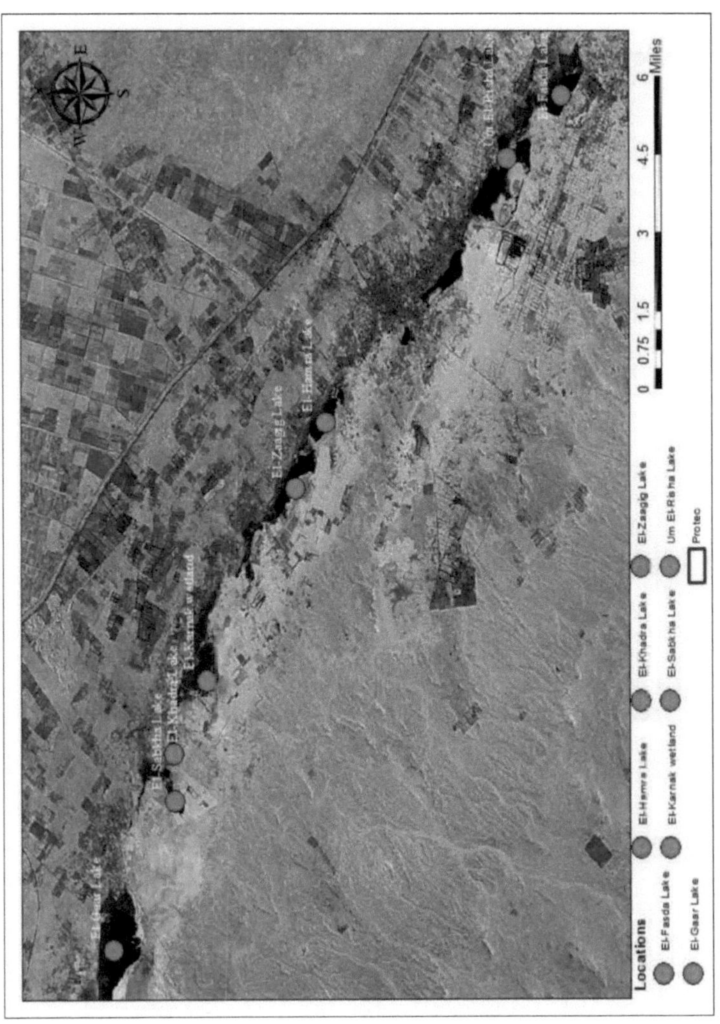

Fig.22. Localização dos lagos de Wadi El-Natrun que foram utilizados por Hamed (2007).

Fig.23. Lago El-Temsah e canais de irrigação investigados por Abd El-Hady *et al.* (2012) e Mohamed (2000), respetivamente.

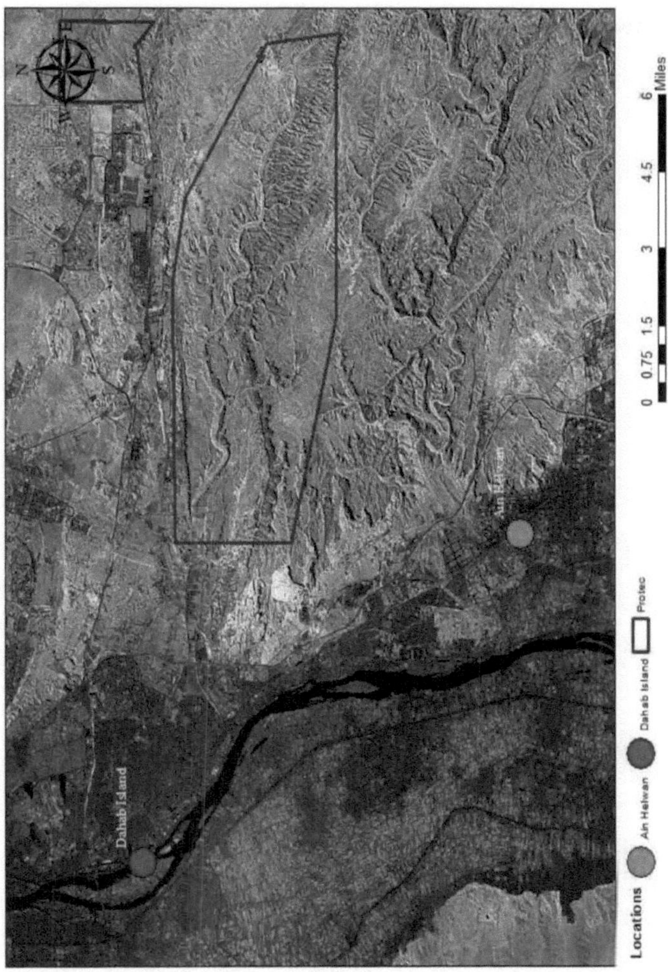

Fig.24. Localização de Ain Helwan que foi objeto de investigação por Hamed (2008).

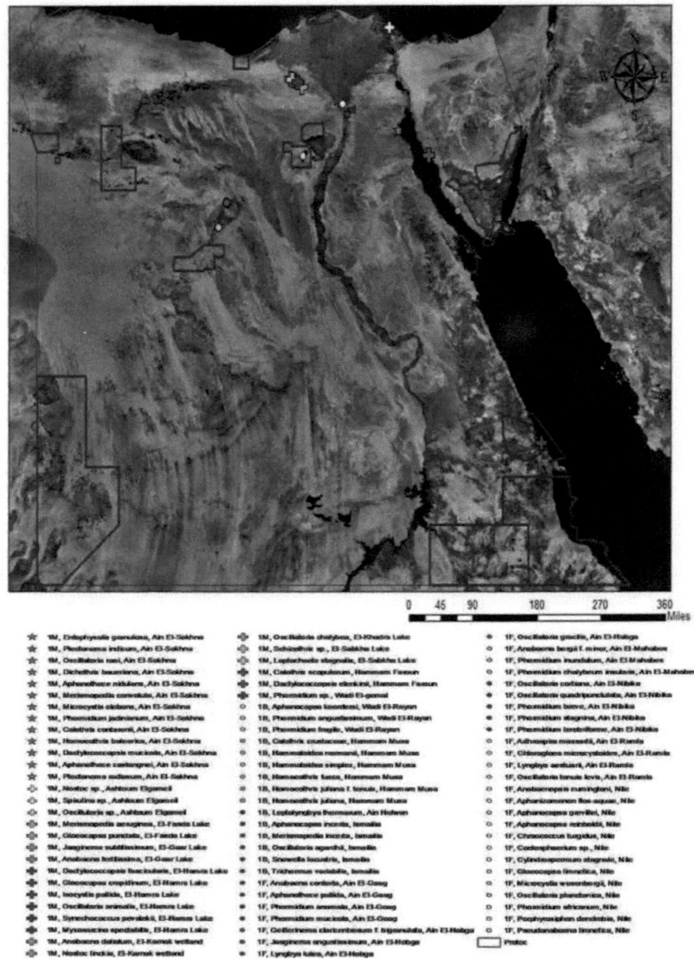

Fig.25. Espécies de cianobactérias alinhadas com apenas um tipo de habitats registadas de 1995 a 2014.

As espécies alinhadas com apenas um tipo de habitats que aparecem nesses estudos foram ilustradas na Fig. 25, combinadas com as 13 espécies alinhadas com apenas um tipo de habitats do presente estudo, com um total de 84 espécies de 2005 a 2014.

Em relação aos resultados obtidos durante este estudo e ao rastreio dos dados que registam a diversidade de cianobactérias ao longo dos últimos dez anos pelos autores anteriormente mencionados, a base de dados da biodiversidade nacional foi actualizada com a adição de 916 registos totais para 219 espécies de cianobactérias.

No entanto, é evidente que, entre 1990 e 2014, o maior número de espécies de cianobactérias registadas foi no habitat marinho, seguido do fresco e depois do salobro. Registaram-se 350 registos de 107 espécies nos lagos Wadi El-Natrun, 106 registos de 59 espécies no oásis de Baharyia, 52 espécies em Ain El-Sukhna, 42 espécies em Hamman Musa, 30 espécies em Hamman Faroun, 19 espécies em Ain Helwan, 15 espécies na zona de Ismailia e no lago El Temsah, 15 espécies em Wadi El-rayan, 36 espécies em Qaroun, 35 espécies na ilha de Dahab e em Saluga e Ghazal, 3 espécies em Ashtum El-gameil e 1 espécie em Wadi Elgemal.

3. Espécies que podem ter um papel na biogestão da poluição abiótica

Através da monitorização da poluição por metais pesados, *por exemplo,* crómio (Cr), cobre (Cu), ferro (Fe), zinco (Zn), manganês (Mn), mercúrio (Hg), cádmio (Cd), níquel (Ni) e chumbo (Pb) em locais selecionados estudados durante 2014; os isolados de cianobactérias listados na tabela 17 mostraram um grande papel nos processos de biorremediação de metais pesados, tal como mencionado em muitas literaturas.

Tabela 7. Bioremediação de metais pesados por cianobactérias isoladas.

Heavy metal	Values of corresponding metal (μg/l)	Identified isolates in studied locations
Cr	0.73 – 25.38	*Anabaena* sp., *Anabaena flos-aquae*, *Aphanocapsa* sp., *Chroococcus* sp., *Microcystis* sp., *Merismopedia punctata*, *Nostoc* sp., *Oscillatoria* sp., *Oscillatoria tenuis*
Cu	2 – 146.08	*Anabaena* sp., *Anabaena varibilis*, *Aphanocapsa* sp., *Chroococcus* sp., *Microcystis* sp., *Merismopedia punctata*, *Nostoc* sp., *Oscillatoria* sp., *Oscillatoria tenuis*, *Spirulina plantesis*
Fe	10 – 742.52	*Aphanocapsa* sp., *Chroococcus* sp., *Lyngbya* sp., *Nostoc* sp., *Merismopedia punctata*, *Oscillatoria* sp., *Oscillatoria tenuis*
Zn	5 – 260	*Anabaena* sp., *Anabaena varibilis*, *Aphanocapsa* sp., *Chroococcus* sp., *Lyngbya* sp., *Merismopedia punctata*, *Nostoc* sp., *Oscillatoria* sp., *Oscillatoria tenuis*
Mn	1.91 – 80.7	*Anabaena* sp., *Aphanocapsa* sp., *Chroococcus* sp., *Lyngbya* sp., *Merismopedia punctata*, *Nostoc* sp., *Oscillatoria* sp., *Oscillatoria tenuis*
Hg	0.06 – 0.693	*Anabaena* sp., *Nostoc* sp., *Spirulina plantesis*
Cd	0.40 – 6.360	*Anabaena* sp., *Microcystis* sp., *Nostoc* sp., *Spirulina* sp., *Spirulina plantesis*,
Ni	1.21 – 51.90	*Anabaena* sp., *Lyngbya* sp., *Nostoc* sp., *Oscillatoria* sp.
Pb	2.83 – 101.41	*Anabaena* sp., *Microcystis* sp., *Nostoc* sp., *Spirulina* sp., *Spirulina plantesis*,

Cr: Crómio, Cu: Cobre, Fe: Ferro, Zn: Zinco, Mn: Manganês, Hg: Mercúrio, Cd: Cádmio, Ni: Níquel, Pb: Chumbo. Abu Galum (Ag), Wadi El Gemal (WG), Ashtoum El Gamil (Ash), El Omied (Mat), Qaroun (Q), Wadi El-Rayan (WR), Saluga & Ghazal (SG), Dahb Island (DI)

CAPÍTULO 5. DEBATE

Os resultados obtidos neste estudo são uma prova de como as cianobactérias podem existir em diferentes ecossistemas, mesmo com diferentes propriedades físicas e químicas que podem afetar os organismos vivos, especialmente os microrganismos, e de como estes parâmetros podem permitir a existência de certas espécies.

No que diz respeito ao pH, temperatura e salinidade que foram determinados para as amostras de água representativas, os dados na Tabela (4) revelaram que o pH e a temperatura estão nos seus valores normais de acordo com os relatórios anuais da Agência Egípcia para os Assuntos Ambientais (EEAA, 2010a, 2010b; EEAA, 2011a, 2011b; EEAA, 2012a, 2012b; EEAA, 2013 a, 2013b), o que pode indicar actividades humanas limitadas que podem alterar essas propriedades da água.

Os valores de salinidade estavam dentro dos valores normais e esperados, uma vez que os TSS variavam entre 46 e 1 g/l. A este respeito, o TSS nas amostras de água de Ashtum El-Gamil variou entre 2 g/l e 7 g/l, devido ao efeito da saída do rio Nilo. Embora o protetorado do lago Qaroun seja considerado um habitat salobro, a salinidade foi ligeiramente superior ao esperado, variando entre 31 e 43. Isto deve-se muito provavelmente à descarga de resíduos das actividades humanas.

Conforme demonstrado na Tabela (5), a concentração de amoníaco na ilha de Dahab pode ser atribuída às actividades humanas e agrícolas aí desenvolvidas. Quanto aos lagos Qaroun e Wadi El-Rayan, os resultados revelaram que excedem os limites internacionais de amoníaco, nitrato e fósforo, de acordo com os relatórios anuais da AEAE (2011b, 2012b e 2013b). Este facto deve-se muito provavelmente ao enorme impacto humano e à descarga de águas residuais no lago Qaroun e à eliminação de águas residuais agrícolas no lago Wadi El-Rayan. O valor mais elevado de fósforo foi detectado no verão na ilha de Dahab e no inverno em Qaroun. Sugere-se, portanto, que as menores concentrações de amoníaco, nitrato e fósforo indicam um menor efeito das actividades humanas na qualidade da água. O valor médio mais elevado detectado na ilha de Dahab pode ser atribuído às actividades humanas e agrícolas aí desenvolvidas e em Ashtoum Elgamil pode ser atribuído às actividades humanas e aquaculturais aí desenvolvidas.

Do mesmo modo, Hussein *et al.* (2008) indicaram que o teor de azoto total no lago Qaroun variava entre 0,03 e 44,8, com uma média de 13,03 mg/l, enquanto o teor de fósforo total variava entre 2,5 e 7,0, com uma média de 4,7 mg/l.

Durante este estudo, a contagem total de bactérias, o total de bactérias formadoras de esporos, o total de fungos e o total e coliformes fecais foram determinados em amostras de água e os resultados são apresentados na Tabela (6). Relativamente aos protectorados testados, verificou-se que as contagens bacterianas totais mais elevadas foram registadas no lago Qaroun devido à descarga de resíduos e esgotos no mesmo.

Relativamente à convergência dos parâmetros químicos das amostras de água examinadas (quadro 5) entre a ilha de Dahab e Saluga & Ghazalle, a densidade de cianobactérias tende a ser semelhante em ambas. O mesmo acontece no lago Qaroun e em Wadi El-Rayan.

Durante este estudo, foram detectadas 48 espécies pertencentes a 4 ordens, 11 famílias e 16 géneros (Quadro 8), *ou seja,* em Ashtum El-Gamil foram detectadas *Oscillutoria* sp. e *Spiriulina* spy, na ilha de Dahab *Phormidium* sp. e *Gloeocapsa* sp, enquanto que em Wadi El-Rayan foi detectada *Nostoc* sp. e *Anabaena* sp., bem como em Wadi El-Gemal *Anabaena* sp. Apenas seis isolados foram obtidos como culturas puras: *Oscillutoria* sp. de Ashtum El-Gamil, *Phormidium* sp. da ilha de Dahab, *Pseudoanabaena* sp. de Saluga e Ghazal; e *Anabaena* sp. de Qaroun, Wadi El-Rayan e Wadi El-Gemal.

Os protectorados mais ricos em espécies de cianobactérias isoladas nos seis protectorados investigados foram Qaroun, a ilha de Dahab e Saluga & Ghazal; trinta e cinco espécies de quarenta e oito foram isoladas desses protectorados. Os protectorados de Wadi Elgemal e Ashtum El-gameil apresentaram a diversidade de espécies mais baixa neste estudo, com três espécies isoladas de Ashtum El-gameil e apenas uma espécie de Wadi El-gemal. Quinze espécies, de um total de quarenta e oito, foram isoladas da área protegida de Wadi El-Rayan. Apenas nove espécies existem em habitat salobro neste estudo e apenas oito delas em Wady El-Rayan.

Além disso, os habitats aquáticos que sofrem de concentrações elevadas de fósforo e azoto, *por exemplo,* o lago Qaroun, são propícios à proliferação de algas que têm efeitos nocivos para os outros organismos em condições ambientais adequadas e, como indicado anteriormente por Hussein *et al.* (2008), a qualidade da água deve ser melhorada. Para o efeito, pode ser necessário um tratamento prévio dos resíduos domésticos e agrícolas antes da descarga.

Os dados do presente estudo e comparados com os recolhidos por Mohammed (2002), Hamed

(2005), Hamed *et al.* (2007), Hamed (2008) e Shehata *et al.* (2008) permitem demonstrar que a distribuição das espécies de cianobactérias, pelo menos nos últimos dez anos, variou entre Wadi El-Natroun, Fayoum e Baharyia Oasis, Nilo, Mediterrâneo, Sinai e, finalmente, Mar Vermelho.

Algumas destas espécies foram localizadas e registadas apenas num local e conhecidas como espécies alinhadas com apenas um tipo de habitats, como ilustrado nas Fig. (18 e 25), o que pode refletir os requisitos necessários às espécies ou a capacidade de estas espécies crescerem neste local específico e num determinado habitat.

Global Biodiveristy Information Facility (Global Biodiversity Information Facility, 2013), Guiry e Guiry (2014) e Parr *et al.* (2014), são as três principais bases de dados aprovadas que incluem informações sobre organismos terrestres, marinhos e de água doce.

Embora *Aphanocapsa koordersi* e *Phormidium angustissimum* sejam consideradas espécies de água doce de acordo com o Global Biodiversity Information Facility (2013), Guiry e Guiry (2014), e Parr *et al.* (2014), foram registadas nos protectorados de Wadi El-Rayan durante este estudo, que foi considerado um habitat salobro.

A Gloeocapsa decorticans só foi registada no protetorado de Wady El-Rayan, apesar de ser considerada uma espécie terrestre por Guiry e Guiry (2014) e Parr *et al.* (2014) terem investigado que poderia estar presente em qualquer ambiente aquático, mas não em habitats marinhos. *Oscillatoria claricentrosa* é considerada uma espécie de água doce/terrestre por Guiry e Guiry (2014), de acordo com o Global Biodiversity Information Facility (2013), que não a considerou uma espécie marinha.

Oscillatoria foreoui e *Oscillatoria okeni* são consideradas espécies de água doce de acordo com Global Biodiversity Information Facility (2013) e Guiry e Guiry (2014). *O Phormidium fragile* é considerado como espécie marinha/água doce (Guiry e Guiry, 2014), enquanto o Global Biodiversity Information Facility (2013) o considerou como espécie marinha, para além de *Myxosarcina burmensis*.

As 8 espécies de ciaobactérias anteriormente mencionadas foram registadas apenas no protetorado de Wadi El-Rayan, que representa um dos habitats salobros do Egito. Essas 8 espécies existem geralmente como espécies de água doce, marinhas ou terrestres. Este facto reflecte o equilíbrio dos parâmetros físicos e químicos deste habitat, que permite a existência de certas espécies de diferentes habitats num só, o que pode dever-se a diferentes práticas humanas e à descarga de resíduos agrícolas neste ambiente.

As espécies mais comuns presentes em pelo menos 4 protectorados (Quadro 8) foram *Gomphosphaeria aponina, Merismopedia punctata, Merismopedia tenuissima, Microcystis aeruginosa* e *Microcystis flos - aquae.* Estas espécies estão presentes em ambientes com valores de salinidade relativamente baixos, exceto nos protectorados de Qaroun (quadro 4). Além disso, os valores de pH também se encontravam dentro dos valores óptimos, de acordo com Nayak e Prasanna (2007), que declaram que o pH ótimo para o crescimento de cianobactérias varia entre 7,5 - 10, com um limite inferior de 6,5 - 7,0.

Mesmo *Gomphosphaeria aponina*, neste estudo, foi registada em habitats de água doce e salobra. Guiry e Guiry (2014) afirmam que, em geral, é uma espécie de água doce, ao passo que a Global Biodiversity Information Facility (2013) e Parr *et al.* (2014) constataram a sua presença em habitats marinhos. No Egito, ao rastrear a área de distribuição desta espécie nos últimos 10 anos, podemos constatar que foi registada em mais 7 locais diferentes, representando os 3 habitats aquáticos diferentes: Ain El-Sokhna, Ain Helwan, Lago El-Gaar, zona húmida de El-Karnak, Lago El-Khadra, Hammam Faroun e Oyoun Musa (Mohammed, 2002; Hamed, 2005; Hamed *et al,* 2007; Hamed, 2008; Hamed *et al.,* 2008; Shehata *et al.,* 2008 e Abd El-Hady *et* al., 2012).

Microcystis flos - aquae também foi registada neste estudo em habitats salobros e de água doce, apesar de ser considerada uma espécie de água doce (Guiry e Guiry, 2014), enquanto Parr *et al.* (2014) a consideraram uma espécie marinha.

Por outro lado, a Global Biodiversity Information Facility, (2013), Guiry & Guiry (2014) e Parr *et al.* (2014) relataram *Merismopedia punctata* e *Merismopedia tenuissima* como espécies marinhas/água doce, enquanto que também poderiam ser encontradas e isoladas de habitats salobros.

Microcystis aeruginosa é geralmente uma espécie de água doce (Guiry & Guiry, 2014 e Parr *et al.,* 2014) e considerada como a cianobactéria tóxica mais comum em água doce eutrófica (Oberholster *et al.,* 2004). No Egito e ao rastrear a área de distribuição desta espécie nos últimos 10 anos, podemos constatar que foi registada em mais 5 locais diferentes, representando os 3 habitats aquáticos diferentes Ain El-Sokhna, Lago El-Fasda, Hammam Faroun, Oyoun Musa e o Nilo (Mohammed, 2002;; Hamed, 2005; Hamed *et al.,* 2007; Hamed, 2008; Hamed *et al.,* 2008; Shehata *et al.,* 2008 e Abd El-Hady *et al.,* 2012).

As espécies menos comuns foram registadas apenas nos protectorados das ilhas de Qaroun, Saluga & Ghazal e Dahab. Este facto pode estar relacionado com a proximidade dos valores físicos e químicos.

A Anabaena circinalis é comum em ambientes de água doce em todo o mundo, mas também pode ser encontrada em ambientes marinhos (Guiry e Guiry, 2014). Conhecida por ser uma espécie nociva e um grande problema mundial devido à sua produção de uma série de toxinas, em particular as neurotoxinas, a antitoxina-a e os venenos paralisantes de moluscos (Beltran e Neilan, 2000). No Egito, foi encontrada presente em Qaroun, na ilha de Dahab e nos protectorados de Saluga & Ghazal (Naguib *et al.,* 2014). Ao rastrear os registos dos últimos 10 anos, podemos constatar a sua existência no lago El-Hamra e no lago El-Zaagig, que se distinguem pelos seus valores de salinidade elevados (Hamed, 2005; Hamed *et al.,* 2007 e Hamed, 2008).

Anabaena flos- aquae: espécie de água doce (Guiry e Guiry, 2014). *Anabaena inaequalis* também é considerada uma espécie de água doce (Guiry e Guiry, 2014) e não uma espécie marinha Global Biodiversity Information Facility (2013). Enquanto *Anabaena variabilis* é uma espécie de água doce/terrestre, espécie nociva (Guiry e Guiry, 2014), mas no Egito e durante os últimos 10 anos registou apenas em habitat salobro em Qaroun, protectorados de Wadi El-Rayan, e num canal de irrigação em Ismailia (Mohammed, 2002; Hamed, 2005; Hamed *et al,* 2007; Hamed, 2008; Hamed *et al.,* 2008; Shehata *et al.,* 2008; Abd El- Hady *et al.,* 2012 e Naguib *et al.,* 2014).

Aphanotheca nidulan é considerada uma espécie de água doce (Guiry e Guiry, 2014 e Parr *et al.,* 2014), mas também pode ser registada em habitats marinhos e salobros, como aconteceu no protetorado de Ain El-Sokhna e Qaroun, além das ilhas Dahab e dos protectorados de Saluga e Ghazal (Hamed, 2005; Hamed *et al.,* 2007; Hamed, 2008; Hamed *et al.,* 2008 e Naguib *et al.,* 2014).

Em geral, Guiry e Guiry (2014) consideram *Chroococcus limneticus* como uma espécie de água doce, enquanto o Global Biodiversity Information Facility (2013) a considera como uma espécie marinha, e considera *Chroococcus minutes* como uma espécie de água doce. *Chroococcus turgidus* é uma espécie de água doce, mas também pode habitar ambientes marinhos (Guiry e Guiry, 2014 e Parr *et al.,* 2014).

Eucapsis minuta não é geralmente uma espécie marinha e (GBIF, 2013 e Parr *et al.,* 2014) e isso aparece tão bem neste estudo. Do mesmo modo, *Gloeocapsa sanguine* não é uma espécie marinha e é conhecida como uma espécie terrestre (Global Biodiversity Information Facility, 2013; Guiry & Guiry, 2014 e Parr *et al.,* 2014).

O Global Biodiversity Information Facility (2013) considera *a Gomphosphaeria compacta* como uma espécie marinha, e *a Gomphosphaeria lacustris* é uma espécie de água doce, mas também pode habitar o ambiente marinho (Global Biodiversity Information Facility, 2013; Guiry & Guiry, 2014 e Parr *et al.,* 2014).

Lyngbya limnetica é uma espécie de água doce (Guiry e Guiry, 2014), mas a Global Biodiversity Information Facility (2013) registou-a em habitat marinho, enquanto Parr *et al.* (2014) a registou em habitats marinhos e de água doce.

Merismopedia convoluta var.minor é um sinónimo de *Merismopedia punctata* (Global Biodiversity Information Facility, 2013) . *Merismopedia elegans e* Oscillatoria *princeps* são espécies omnipresentes (Global Biodiversity Information Facility, 2013; Guiry & Guiry, 2014 e Parr *et al.,* 2014) que se encontram em todo o lado, pelo que é normal encontrá-las em 2 habitats diferentes.

Merismopedia glauca e *Spirulina major* são espécies marinhas/de água doce (Guiry e Guiry, 2014 e Parr *et al.,* 2014) presentes no Egito em Ain El-Sokhna, na ilha de Dahab, no lago El-Fasda, no rio Nilo, em Qaroun e em Saluga & Ghazal. *Merismopedia major* é considerada uma espécie marinha.

Nostoc carneum, Nostoc pruniforme, Nostoc verrucosum e *Oscillatoria limosa* são espécies de água doce (Global Biodiversity Information Facility, 2013; Guiry & Guiry, 2014 e Parr *et al.,* 2014) .

Guiry e Guiry (2014) e Parr *et al.* (2014) registaram *Oscillatoria tenuis* como uma espécie de água doce, enquanto o Global Biodiversity Information Facility (2013) a considera uma espécie marinha.

Phormidium laminose, Phormidium retzii, Radaisia violacea, Spirulina laxissima, e *Spirulina princeps* conhecidas como espécies de água doce (Global Biodiversity Information Facility, 2013; Guiry & Guiry, 2014 e Parr *et al.,* 2014).

Ao calcular a percentagem de polimorfismo -Tabela 14- dos 6 isolados utilizados na técnica molecular RAPD, esta atingiu 97%. Este valor parece ser elevado e pode estar relacionado com o efeito dos habitats sobre estes isolados (Foster *et al.*, 2009) e explica porque é que estes isolados podem ser morfologicamente semelhantes mas geneticamente distintos.

Cada isolado distingue-se por um marcador RAPD específico do genótipo (Quadro 15 e Figs. 11-16). O marcador RAPD específico do genótipo, a percentagem de polimorfismo e o índice de semelhança explicam como os parâmetros químicos e físicos podem controlar a presença de cianobactérias, o que reflecte o tipo de cada habitat de onde estes isolados provêm.

Obviamente, os resultados demonstraram que as APs de Wadi El-Rayan e Qaroun têm caraterísticas ecológicas semelhantes devido, em primeiro lugar, à localização geográfica e, em segundo lugar, à descarga de resíduos agrícolas e águas residuais, o que leva ao aumento da salinidade desses lagos. De facto, estes resultados estão de acordo com os relatórios anuais da Agência Egípcia para os Assuntos Ambientais (2010a, 2010b, 2011a, 2011b, 2012a, 2012b, 2013a, 2013b). A elevada percentagem de polimorfismo (Tabela 14) pode referir-se ao efeito dos habitats nestes isolados (Foster *et al.*, 2009) e explica porque é que estes isolados podem ser morfologicamente semelhantes mas geneticamente distintos.

Alguns dos isolados de cianobactérias registados neste estudo e enumerados na tabela (...) têm um papel importante na bioremediação de metais pesados, tal como referido por Bender e Phillips (2004); El-Bestawy, E. (2008); Shukla, M. *et al.* (2009); Nanda *et al.* (2010); Essa e Mostafa (2012); Kannan. *et al.* (2012); e David & Rajan (2014). Assim, os isolados identificados neste estudo podem ser utilizados nos processos de biogestão e no controlo da poluição por metais pesados.

Bender e Phillips (2004) utilizaram *Oscillatoria* sp. em tapetes que sequestram ou precipitam metais/radionuclídeos por absorção superficial ou por condicionamento do ambiente químico circundante, bioconcentrando assim o metal/radionuclídeo num pequeno volume. El-Bestawy, E. (2008) investigou a capacidade de biorremoção de *Anabaena variabilis* para Zn e Cu. O seu estudo destacou o potencial vantajoso da utilização das espécies de cianobactérias testadas para o tratamento de águas residuais contaminadas e também mostrou claramente a melhoria da qualidade das águas residuais descarregadas que, por sua vez, eliminará ou, pelo menos, minimizará a deterioração esperada do ambiente recetor.

Shukla, M. *et al.* (2009) estudaram o crescimento e as respostas bioquímicas da cianobactéria heterocistófila fixadora de azoto *Anabaena* sp. após exposição a várias concentrações de Ni. *A Anabaena* foi capaz de tolerar o Ni até uma concentração de 10 pM, provavelmente através da produção de péptidos tiólicos e proteínas de ligação a metais. Assim, pode ser utilizada como uma ferramenta de biorremoção de Ni das águas residuais moderadamente contaminadas. Nanda *et al.* (2010) utilizaram *Nostoc* na bioremediação de metais pesados, tendo o pH melhorado o processo de bioremediação.

Essa e Mostafa (2012) utilizaram 3 isolados de cianobactérias *Spirulina platensis, Nostoc* sp. e *Anabaena* sp. num estudo que destacou a biorremediação de metais pesados através da transformação de Hg^{2+}, Cd^{2+}, Cu^{2+} e Pb^{2+} em complexos de azoto e/ou complexos de hidróxido através da utilização do biogás de cultura produzido por algumas espécies de cianobactérias. O seu estudo revelou que as capacidades variáveis de bioprecipitação de metais foram registadas pelos 3 isolados de cianobactérias.

Siva, R. *et al.* (2012) estudaram a bioacumulação de Cd^{2+} pela *Spirulina.* A experiência de biossorção foi realizada em várias concentrações iniciais de Cd^{2+} (1-4 mg/L), tendo-se verificado que tolera até 1 mg/L de Cd^{2+} e pode ter aplicações potenciais na remoção de baixas concentrações de iões Cd^{2+} de águas contaminadas.

A capacidade de *Anabaena flos-aquae* para remediar o crómio foi investigada por Kannan *et al.* (2012) e inferiu-se que o fornecimento de Cr em várias concentrações de 1 a 10 ppm pode não estar a impedir o crescimento das culturas, conforme revelado pelo aumento contínuo do teor de azoto total das células. David e Rajan (2014) investigaram a aplicação do uso de espécies de cianobactérias como *Anabaena variabilis, Oscillatoria* sp., *Nostoc* sp. e *Lyngbya* sp.; que foram isoladas de efluentes da indústria têxtil; no processo de biorremoção. Foi observada uma redução significativa de Zn, Mn e Ni.

De igual modo, Dubey *et al.* (2011) e Kotteswari *et al.* (2012) investigaram o potencial de degradação e biorremediação de efluentes industriais por espécies de cianobactérias como *Oscillatoria* sp., *Synechococcus* sp., *Nodularia* sp., *Nostoc* sp. *e Cyanothece* sp. com elevadas percentagens de eficiência de remoção, cujos resultados indicam o potencial dos recursos naturais como agentes eficientes para o controlo da poluição. Enquanto Dominic *et al.* (2009) fizeram uma tentativa usando *Synechocystis salina* e *Gloeocapsa gelatinosa*, que tiveram um grande papel na biogestão para reduzir a carga de nutrientes da água poluída industrialmente.

Por conseguinte, pode concluir-se que a diversidade das cianobactérias não se limita ao nível das espécies - mesmo que pareçam morfologicamente semelhantes - mas também ao nível genético, que pode referir-se ao habitat de onde foram isoladas.

Os protectorados de Dahab Island, Wadi EL-Rayan e Qaroun podem ser considerados como os ambientes mais poluídos, de acordo com os resultados obtidos neste estudo e com os relatórios anuais da Agência Egípcia do Ambiente (2010a, 2010b, 2011a 2011b, 2012a, 2012b, 2013a, 2013b). Estes protectorados são ricos em diferentes espécies de cianobactérias que podem ser geridas para resolver biologicamente os problemas de poluição. A utilização de espécies de cianobactérias autóctones permite gerir a poluição e eliminá-la sem introduzir espécies externas que possam ter efeitos negativos na biodiversidade existente nestes habitats.

REFERÊNCIAS

Abd El-Hady, H. H. e Hussianm A. M. (2012). Variação regional e sazonal das assembleias de fitoplâncton e sua análise bioquímica no canal de Ismailia, rio Nilo, Egito. Jornal de Pesquisa em Ciências Aplicadas, 8(7): 3433-3447.

Abed, R. M.; Dobretsov, S. e Sudesh, K. (2008). Applications of cyanobacteria in biotechnology (Aplicações de cianobactérias na biotecnologia). Journal of Applied Microbiology, 106: 1364-5072.

Abed, R.M.M. e Koster, J. (2005). O papel direto das bactérias heterotróficas aeróbias associadas a cianobactérias na degradação de compostos de petróleo. Int Biodeterior Biodegrad 55, 29-37.

Addico, G. N. D.; Hardege, J. G. D.; KomareK, J. e Degraft-Johnson K. A. A. (2009). Diversidade e biomassa de cianobactérias em relação ao regime de nutrientes de quatro reservatórios de água doce destinados à produção de água potável no Gana. Algological Studies. 130: 81-108.

Allen, M. B. e Arnon, D, I, (1955). Crescimento e fixação de azoto por *Anabaena cylindrica.* Plant Physiology, 30:366-372.

Associação Americana de Saúde Pública. (2005). Métodos padrão para o exame da água e das águas residuais. APHA, 541 p.

Associação Americana de Saúde Pública. (1992). Standard methods for the examination of water and wastewater, 18th edition. APHA, 541 p.

BANO, A. e Siddiqui, P. J. A. (2004). Caracterização de cinco espécies de cianobactérias marinhas relativamente aos seus requisitos de pH e salinidade. Pakistan Jornal of Botany, 36(1): 133143.

Barakat, O.; Ahmed, R.; Higazy, A. (2008). Avaliação biológica e química de alguns locais de água potável no rio Nilo, Egito. Boletim da Faculdade de Agricultura. Universidade do Cairo, 59 (2): 132-141.

Beltran E. C. e Neilan B. A. (2000). Geographical Segregation of the Neurotoxin - Producing Cyanobacterium *Anabaena circinalis* (Segregação geográfica da cianobactéria produtora de neurotoxinas *Anabaena circinalis).* Applied and Environmental Microbiology, 66(10): 4468 -4474.

Broady, P. A.; Garrick, R.; e Anderson, G. M. (1996). Diversity, distribution and dispersal of Antartic terrestrial algae (Diversidade, distribuição e dispersão de algas terrestres antárticas). Biodiversity and Conservation, 5: 1307-1335.

Capone, D.G., Burns, J.A., Montoya, J.P., Subramaniam, A., Mahaffey, C., Gunderson, T., Michaels, A.F. e Carpenter, E.J. (2005). Fixação de nitrogénio por Trichodesmium spp: Uma importante fonte de novo azoto para o Oceano Atlântico Norte tropical e subtropical. Global Biogeochemical Cycles, 19: 0886-6236.

Ciferri, O. e Tiboni, O. (1985). The biochemistry and industrial potentials of *Spirulina.* Revisão Anual de Microbiologia, 39: 503-526.

Codd, G.A. (1995). Toxina de cianobactérias: Ocorrência, propriedades e significado biológico. Ciência e Tecnologia da Água, 32: 149-156.

Cohen, S.; Evans, G.W.; Stokols, D. e Krantz, D.S. (1986). Behavior, health and environmental stress (Comportamento, saúde e stress ambiental). Journal of Health and Social Behavior, 24: 385 - 396.

Crosbie, N. D. e Furnas, M. J. (2001). Abundância, distribuição e caraterização fluxocitométrica de populações de picophytoprokaryotes nas águas da plataforma central e sul da Grande Barreira de Coral. Journal of Plankton Research, 23(8): 809-828.

Difco, M. (1984). Dehydrated culture media and reagents for the microbiology. 10th ed., Difco Lab, Detroit, Michigan, EUA, pp 528.

Dixon, D. M. e Formtling, R. A. (1995). Morfologia, taxonomia e classificação dos fungos, In: Manual of Clinical Microbiology, 6th ed., (Eds. Murray, P. R.; Baron, E. J.; Pfaller, M. A., Tenover, F. C. e Yolken, R. H.), American Society for Microbiology, Washington, D. C., pp. 699-708.

Dominic, V. J.; Soumya, M. e Nisha, M. C. (2009). Eficiência de fitorremediação de três microalgas *Chlorella vulgaris, Synechocystis salina* e *Gloeocapsa gelatinosa.* Revista Académica, 16 (1 & 2):138-146.

Douma, M.; Loudiki, M.; Oudra, B.; Mouhri, K.; Ouahid, Y.; e Campo, F. (2009). Diversidade taxonómica e avaliação toxicológica de cianobactérias em águas interiores marroquinas. Journal of Water Science, 22(3): 435-449.

Douma, M.; Loudiki, M.; Oudra, B.; Mouhri, K.; Ouahid, Y. e Campo, F. (2004). Diversidade taxonómica e avaliação toxicológica de cianobactérias em águas interiores marroquinas. Journal of Water Science, 22(3): 435-449.

Dubey, S. K.; Dubey, J.; Mehra, S.; Tiwari, P. e Bishwas, A. J. (2011). Potencial utilização de espécies de cianobactérias na biorremediação de efluentes industriais. Jornal Africano de Biotecnologia, 10(7): 1125-1132.

Dudley, N. (2008). Diretrizes para a aplicação de categorias de gestão de áreas protegidas. Gland, Suíça: União Internacional para a Conservação da Natureza, 86p.

Agência do Ambiente do Egito: AEAA. (2010a). Relatórios anuais do programa de monitorização das águas costeiras. Ministério de Estado para os Assuntos Ambientais, Agência Egípcia para os Assuntos Ambientais, 17p.

Agência do Ambiente do Egito: AEAA. (2010b). Relatórios anuais do programa de monitorização da água dos lagos. Ministério de Estado para os Assuntos Ambientais, Agência Egípcia para os Assuntos Ambientais, 16p.

Agência do Ambiente do Egito: AEAA. (2011a). Relatórios anuais do programa de monitorização das águas costeiras. Ministério de Estado para os Assuntos Ambientais, Agência Egípcia para os Assuntos Ambientais, 13p.

Agência do Ambiente do Egito: AEAA. (2011b). Relatórios anuais sobre a água dos lagos programa de monitorização. Ministério de Estado para os Assuntos Ambientais, Agência Egípcia para os Assuntos Ambientais, 11 p.

Agência do Ambiente do Egito: AEAA. (2012a). Relatórios anuais do programa de monitorização das águas costeiras. Ministério de Estado para os Assuntos Ambientais, Agência Egípcia para os Assuntos Ambientais, 11p.

Agência do Ambiente do Egito: AEAA. (2012b). Relatórios anuais do programa de monitorização da água dos lagos. Ministério de Estado para os Assuntos Ambientais, Agência Egípcia para os Assuntos Ambientais, 16 p.

Agência do Ambiente do Egito: AEAA. (2013a). Relatórios anuais do programa de monitorização das águas costeiras. Ministério de Estado para os Assuntos Ambientais, Agência Egípcia para os Assuntos Ambientais, 17p.

Agência do Ambiente do Egito: EEAA. (2013b). Relatórios anuais do programa de monitorização da água dos lagos. Ministério de Estado para os Assuntos Ambientais, Agência Egípcia para os Assuntos Ambientais, 12 p.

Ferris, M. J.; Kühl, M.; Wieland, A.; e Ward, D. M. (2003). Ecótipos de cianobactérias em diferentes microambientes ópticos de uma comunidade de tapetes termais a 68°C revelados pela variação da região espaçadora transcrita interna 16S-23S rRNA. Applied and Environmental Microbiology, 69(5): 2893-2898.

Foster, J. S.; Green, S. J.; Ahrendt, S. R.; Golubic, S.; Reid, R. P.; Hetherington, K. L.; e Bebout, L. (2009). Caracterização molecular e morfológica da diversidade de cianobactérias nos estromatólitos de Highborne Cay, Bahamas. Sociedade Internacional de Ecologia Microbiana, pp 1-15.

Gadd, G. M. (2010). Metais, minerais e micróbios: geomicrobiologia e biorremediação. Microbiologia, 156: 609-643.

Garrity, G. M.; Bell, J.A. e Liburn, T.C. (2004). Taxonomic outline of the prokaryotes release 5.0. Bergey's manual of systematic bacteriology, 2nd ed., Springer, Berlin, pp 30-33.

Gaston, K. J. (2010). Biologia da Conservação para Todos. (eds; Sodhi, N. S. e Ehrlich, P. R.). Oxford University Press, pp 27-42.

Geitler, L. (1925). Synoptische Darstellung der cyanophyceen in morpholgisher und systematischer Hinsicht. Biologisches Zentrablatt1, 11 (41):163-294.

Gerwick, W.H.; Proteau, P.J.; Nagle, D.G.; Hamel, E.; Blokhin, A. e Slate, D.L. (1994). Estrutura da curacin A, um novo produto natural antimitótico, antiproliferativo e tóxico para camarões de salmoura da cianobactéria marinha Lyngbya majuscula. Journal of Organic Chemistry, 59: 1243-1245.

Fundo Mundial de Informação sobre a Biodiversidade: GBIF. (2013). GBIF Backbone Taxonomy, http:// www. gbif. org/ species/3.

Grant, W.D. (2006). Alkaline environments and biodiversity, em Extremophilies. Encyclopedia of Life Support Systems (EOLSS), desenvolvida sob os auspícios da UNESCO, Eolss Publishers, Oxford, Reino Unido, 20.

Grant, W. D. e Tindall, W. J. (1986). Microbes in Extreme Environments (eds. Herbert, T. A. e Codd, G. A.), Academic Press, Londres, pp 25-54.

Guiry, M.D. e Guiry, G.M. (2014). AlgaeBase. Publicação eletrónica mundial, Universidade Nacional da Irlanda, Galway. http://www.algaebase.org.

Hamed, A. F. (2005). Levantamento da distribuição e diversidade de algas verdes azuis (cianobactérias) no Egito. Ata Botanica Hungarica, 47 (1-2): 117-136.

Hamed, A.F. (2008). Biodiversidade e distribuição de algas verde-azuladas/cianobactérias e diatomáceas em alguns dos habitats aquáticos egípcios em relação à condutividade. Jornal Australiano de Ciências Básicas e Aplicadas, 2(1): 1-21.

Hamed, A.F.; Salem, B. B. e Abd El-Fatah, H.M. (2007). Levantamento florístico de algas azuis-verdes / cianobactérias em lagos salino-alcalinos de wadi el-natrun (egito) por aplicação de deteção remota. Jornal de Investigação em Ciências Aplicadas, 3(6): 495506.

Henrique, L.; Branco, Z.; Necchi-Junior, O. e Branco, C.C.Z. (2001). Distribuição ecológica de Cyanophyceae em ecossistemas lóticos do Estado de São Paulo. Revista Brasileira de Botânica, 24(1): 99-108.

Hoballah, E.M.; Attallah, A.G. e Abd-El-Aal, S. Kh. (2012). Diversidade genética de algumas novas estirpes locais de cianobactérias isoladas de Wadi El-Natrun, Egito. Revista Internacional de Pesquisa Académica, 4(2): 314 - 326.

Hoppert, M.; Flies, C.; Pohl, W.; Gunzl, B. e Schneider, J. (2004). Estratégias de colonização de microrganismos litobiontes em rochas carbonatadas. Geologia Ambiental, 46: 421-428.

Hussein, H.; Amer, R.; Gaballah, A.; Refaat, Y. e Abdel-Wahab, A. (2008). Monitorização da poluição do lago Qarun. Avanços em Biologia Ambiental, 2(2): 70-80.

Ionescu, D.; Oren, A.; Levltan, O.; Hindiyeh, M.; Malkawi, H. e Frank, I. B. (2009). A comunidade de cianobactérias da fonte termal de Zerka Main, Jordânia: diversidade morfológica e molecular e fixação de azoto. Algological Studies, 130: 109-124.

Iturriaga, R. e B. G. MITCHELL. (1986). Cianobactérias croococóides: A significant component in the food web dynamics of the open ocean. Marine Ecology Progress Series, 44: 175-181.

IUCN, Toropova, C.; Meliane, I.; Laffoley, D.; Matthews, E. e Spalding, M. (2010). Proteção global dos oceanos: Estado atual e possibilidades futuras. União Internacional para a Conservação da Natureza e dos Recursos Naturais, 96 p.

Jacquet S., Zhong X., Ammini P., Ram A. S. P. (2013). Primeira descrição de um cianófago que infecta a cianobactéria *Arthrospira platensis (Spirulina').* Journal of Applied Phycology, 25(1): 195-203.

Jaki, B., Heilmann, J., Linden, A., Volger, B e Sticher, O. (2000). Novos extra celularditerpenóides com atividade biológica da cianobactéria *Nostoc commune.* Journal of Natural Prodroduction, 63: 339-343.

John, J.; Hay M. e Paton, J. (2009). "Cianobactérias em comunidades microbianas bentónicas em lagos salgados costeiros na Austrália Ocidental". Algological Studies, 130: 125-135.

Jones, B. E. e Grant, W.D. (1999). Microbial diversity and ecology of the Soda Lakes of east Africa. Ecologia e Diversidade de Extremófilos. 7 p.

Joseph, S. (2005). Ecological and Biochemical Studies on Cyanobacteria of Cochin Estuary and Their Application as a Source of Antioxidants (Estudos ecológicos e bioquímicos sobre cianobactérias do estuário de Cochim e sua aplicação como fonte de antioxidantes). Tese de Doutoramento Departamento de Biologia Marinha, Microbiologia e Bioquímica, Universidade de Ciência e Tecnologia de Cochim, Kochi, Índia. 218 p.

Jungblut, A. D.; Lovejoy, C. e Vincent, W. F. (2010). Distribuição global do ecótipo de cianobactérias na biosfera fria. Sociedade Internacional de Microbiologia Ecologia, 4: 191-202.

Kajiyama, S., Kanzaki, H., Kawazu, K. e Kobayashi, A. 1998. Nostifungicidina, um lipopeptídeo antifúngico da alga azul-verde terrestre *Nostoc commune*, cultivada em campo. Tetrahedron Letters, 39: 3737-3740.

Kirkwood, A. E.; Buchheim, J. A.; Buchheim, M. A.; e William, J. (2008). Diversidade de cianobactérias de Henley e halotolerância num ambiente hipersalino variável. Microbial Ecology, 55:453-465.

Klatt, C. G.; Wood, J. M. ; Rusch, D. B. ; Bateson, M. M.; Hamamura, N.; Heidelberg, J. F.; Grossman, A. R.; Bhaya, D.; Cohan, F. M.; Kühl, M.; Bryant, D. A.; e Ward, D. M. (2011). Ecologia comunitária de tapetes de cianobactérias de fontes termais: populações predominantes e seu potencial funcional. Sociedade Internacional de Ecologia Microbiana, 5: 1262-1278.

Kofoid, C. A. e Swez, E. S. (1921). The free-living unarmoured dinoflagellates. University of California. Press Berkeley. 5: 1562.

Koehn, F.E.; Longley, R.E. e Reed, J.K. (1992). Microcolinas A e B, novo péptido imunossupressor da alga azul-verde *Lyngbya majuscule.* Journal of Natural Production, 55: 613-619.

Kolmonen, E.; Sivonen, K.; Rapala, J. e Haukka, K. (2004). Diversidade de cianobactérias e bactérias heterotróficas em florescimentos de cianobactérias no Lago Joutikas, Finlândia. Aquatic Microbial Ecology, 36: 201-211.

Kotteswari, M.; Murugesan, S. e Ranjith, K. R. (2012). Fitorremediação de efluentes de laticínios usando a microalga *Nostoc sp.* Revista Internacional de Pesquisa e Desenvolvimento Ambiental. 2(1): 35-43.

Leboulanger, C.; Dorigo, U.; Jacquet, S.; Le-Berre, B.; Paolini, G.; e Humbert, J. F. (2002). Aplicação de um espectrofluorómetro submersível para a monitorização rápida de florescimentos de cianobactérias de água doce: Um estudo de caso. Aquatic Microbial Ecology, 30:83-89.

Lemmermann, E. (1970). Kryptogemenflora der Mark Brandenburg, Leipzig, 3: 1-256.

López-Cortés, A.; García-Pichel, F.; Nübel, U.; Vázquez-Juárez, R. (2001). Diversidade de cianobactérias em ambientes extremos na Baja California, México: A polyphasic study. International Microbiology, 4: 227-236.

López-Legentil, S.; Bongkeun, S.; Bosch, M.; Pawlik, J. R.; e Turon, X. (2011). Diversidade de cianobactérias e um novo simbionte do tipo acaryochloris de esquilos marinhos das Bahamas. PLOS ONE, 6(8): 12.

Makandar, M. B. e Bhatnagar, A. (2010). Biodiversidade de microalgas e cianobactérias de massas de água doce de Jodhpur, Rajasthan (Índia). Journal of Algal Biomass Utilization, 1(3): 54-69.

Margesin, R.; Zakhia, F.; Jungblut, A. D.; Taton, A.; Vincent, W. F. e Wilmotte, A. (2008). Psychrophiles: Da biodiversidade à biotecnologia. (2): 121-137.

Mohamed, Z. A. (2002). Atividade alelopática de *Spirogyra sp.*: estimulando a formação de flores e a produção de toxinas por *Oscillatoria agardhii* em alguns canais de irrigação, Egito. Journal of Plankton Research, 24(2): 137-141.

Mohamed, Z.A. e Al Shehri, A.M. (2010). Produção de em cianobactérias epifíticas em submersasmicrocistina macrófitas . Toxicon. 55(7):1346-52.

Mora, C. e Sale, P. (2011). "Perda de biodiversidade global em curso e necessidade de ir além das áreas protegidas: A review of the technical and practical short coming of protected areas on land and sea" [Uma revisão das lacunas técnicas e práticas das áreas protegidas em terra e no mar]. Marine Ecology Progress Series, 434: 251266.

Morin, N.; Vallaeys, T.; Hendrickx, L.; Natalie, L. e Wilmotte, A. (2010). Um protocolo eficiente de isolamento de DNA para cianobactérias do género *Arthrospira* . Journal of Microbiology, 80(2): 148-154.

Nagasathya, A. e Thajuddin, N. (2008). Cyanobacterial diversity in the hypersaline environments of the saltpans of southeastern coast of India (Diversidade de cianobactérias nos ambientes hipersalinos das salinas da costa sudeste da Índia). Asian Journal of Plant Science, 7(5): 473-478.

Naguib, N.M.; Awad, A.A.; Barakat, O.E. e Higazy, A.M. (2014). Cianobactérias em algumas áreas protegidas egípcias. Revista Internacional de Pesquisa Avançada, 6(2): 1079-1096.

Narayan, K. P.; Shalini, S. T.; Pabbi S. e Dhar, D. W. (2006). Biodiversity analysis of selected cyanobacteria (Análise da biodiversidade de cianobactérias selecionadas). Current Science, 91(7): 947 - 954.

Setor da Conservação da Natureza (2006). Áreas protegidas do Egito: Towards the future. Ministério de Estado para os Assuntos Ambientais, Agência Egípcia para os Assuntos Ambientais, Setor de Conservação da Natureza, 1st ed., Lisboa, 2009. 71 p.

Centro Nacional de Informação Biotecnológica (NCBI). (2015). http://www.ncbi.nlm.nih.gov/assembly.

Nayak, S. e Prasanna, R. (2007). Soil pH and its role in cyanobacterial abundance and diversity in rice field soils. Applied Ecology and Environmental Research, 5(2): 103-113.

Oberholster, P.J.; Botha, A.M.; e Grobbelaar, J.U. (2004). *Microcystis aeruginosa:* fonte de microcistinas tóxicas na água potável. Jornal Africano de Biotecnologia, 3(3): 159168.

Olson, J.M. (2006). Photosynthesis in the archean era. Photosynthesis Research, 88 (2): 109-17.

Papendorf, O.; Konig, G.M. e Wright, A.D. (1998). Hirridina B e2,4-dimetoxi-6-heptadecilfenol, metabolitos secundários da cianobactéria *Phormidium ectocarpi* com atividade antiplasmódica. Phytochemistry, 49: 2383 - 2386.

Papke, U.; Gross, E.M. e Francke, W. (1997). Isolamento, identificação e determinação da configuração absoluta da Fischerellin B. Um novo algicida da cianobactéria de água doce *Fischerella muscicola* (Thuret), Tetrahedron Letters, 38: 379-382.

Parr, C. S.; Wilson, N. P.; Leary, K. S.; Schulz, K.; Lans, L.; Walley, J. A.; Hammock, A.; Goddard, J.; Rice, M.; Studer, J. T.; Holmes, G. e Corrigan, Jr. (2014). A Enciclopédia da Vida v2: Fornecendo acesso global ao conhecimento sobre a vida na Terra. Biodiversity Data Journal, 2.

Partensky, F.; Blanchot, J.; e Vaulot, D. (1999). Distribuição diferencial e ecologia de *Prochlorococcus* e *Synechococcus* em águas oceânicas: A review. Bulletin de l'Institut oceanographique, Mónaco, 19: 457-475.

Patterson, G.M.L.; Larsen, L.K. e Moore, R.E. (1994). Produtos naturais bioactivos de algas azuis-verdes. Journal of Applied Phycology, 6: 151-157.

Piccin-Santos, V. e Bittencourt-Oliveira, M. C. (2012). Cianobactérias tóxicas em quatro reservatórios brasileiros de abastecimento de água. Revista de Proteção Ambiental, 3: 68-73.

Pinckney, J. L. e Paerl, H. W. (1997). Fotossíntese anoxigénica e fixação de azoto por uma comunidade de tapetes microbianos numa lagoa hipersalina das Bahamas. Microbiologia Aplicada e Ambiental, 63(2): 420-426.

Pochon, J. e Tardieux, P. (1962). Technique d' Analyse en microbiology du sol. Editions de la tourlle, St. mande. Mande. França. 111 p.

Postge, J. R. (1969). Contagens viáveis e viabilidade. In: Methods in microbiology. (Eds.

Norris, J. R. e Robbens, D. W.), Academic press, London, N. Y., 1: 611-628.

Prescott, H. W.; Marma, D. D.; Milis, S. W. e Sonaliman, D. (1978). Factores que determinam a população de algas em lagoas de estabilização de resíduos e a influência das algas no desempenho da lagoa. Conferência Internacional sobre Lagoas de Estabilização de Resíduos, pp 1-10.

Ramdani, M.; Elkhiati, N.; Flower, R. J.; Thompson, J. R.; Chouba, L.; Kraiem, M. M.; Ayache, F.; Ahmed, M. H. (2009). Influências ambientais na composição qualitativa e quantitativa do fitoplâncton e do zooplâncton nas lagoas costeiras do Norte de África. Hydrobiologia, 622: 113131.

Rantala, A.; Rajaniemi-Wacklin, P.; Lyra, C.; Lepisto, L.; Rintala, J.; Mankiewicz-Boczek, J.; e Sivonen, K. (2006). Deteção de cianobactérias produtoras de microcistina em lagos finlandeses com pcr específico do género do gene da microcistina sintetase e (mcye) e associações com factores ambientais. Applied and Environmental Microbiology, 72(9): 6101-6110.

Rippka, R. (1988). Reconhecimento e identificação de cianobactérias. Methods Enzymol 167, 28-67.

Rippka, R. e Herdman, H. (1992). Pasteur Culture Collection of Cyanobacteria Catalogue and Taxonomic Handbook. Catálogo de estirpes. Instituto Pasteur, Paris.

Rippka, R; Deruelles, J.; Waterbury, J.B.; Herdman, M. e Stander, R. Y. (1979). Atribuições genéricas, histórias de estirpes e propriedades de culturas puras de cynanobacteria. The Journal of General and Applied Microbiology, 111: 1-61.

Roop, T. e Whittlesey, L. (2013). Yellowstone resources and issues handbook, Parque Nacional de Yellowstone, WY, pp 1-16.

Scheerer, S.; Ortega-Morales, O. e Gaylarde, C. (2009). Deterioração microbiana de monumentos de pedra: uma visão geral actualizada. Avanços em Microbiologia Aplicada, 66: 97-139.

Shehata, S. A.; Ali, G. H. e Wahba, S. Z. (2008). Padrão de distribuição das algas da água do Nilo com referência à sua capacidade de tratamento na água potável. Journal of Applied Science Research, 4(6): 722-730.

Sivakumar, N.; Viji, V.; Satheesh, S.; Varalakshmi, P.; Ashokkumar, B. e Pandi, M. (2012). Abundância e diversidade de cianobactérias nas zonas húmidas costeiras do distrito de Kanykumari, Tamil Nadu (Índia). Revista Africana de Investigação Microbiológica, 6(20): 4409-4416.

Song-Gun, K.; Sung-Keun, R.; Chi-Yong, A.; So-Ra, K.; Gang-Guk, C.; Jin-Woo, B.; Yong-Ha, P. e Hee-Mock, O. (2006). Determinação da diversidade de cianobactérias durante a proliferação de algas no reservatório de Daechung, Coreia, com base na análise da região espaçadora intergénica cpcba. Microbiologia Aplicada e Ambiental, 72(5): 3252-3258.

Soutullo, A. (2010). Extensão da rede global de áreas protegidas terrestres. Conservation

Biology 24(2):362-363.

Stal, L. J. e Moezelaar, R. (1997). Fermentação em cianobactérias. Federação das Sociedades Europeias de Microbiologia: Microbiology Reviews, 21: 179-211.

Stanier, R. Y., e Cohen-Bazire, G. (1977). Phototrophic Prokaryotes: The Cyanobacteria. Revisão Anual de Microbiologia, pp 225-274.

Steinberg, C. E. W.; Schafer, H.; e Beisker, W. (1998). Ata Hydrochimica et Hydrobiologica, 26: 13-19.

Steinbüchel, A.; Wieczorek, R.; Alvarez, H. M. e Jossek, R. (1997). Actas do Simpósio Internacional de 1996 sobre Polihidroxialcanoatos Bacterianos. Ottowa: National Research Council Research Press, pp. 36-47.

Strunecky, O; Elster, J. e komarek, J. (2011). Revisão taxonómica da cianobactéria de água doce *Phormidium murrayi = Wilmottia murrayi.* Fottea: A Journal of the Czech Phycological Society, 11(1): 57-71.

Taylor, W. R. (1954). Flora criptogâmica do Ártico. II. Alage: Não planctónica. Botanical Review, 20: 363-399.

Thajuddin, N. e Subramanian, G. (2005). Cyanobacteria biodiversity and potential applications in biotechnology. Current Science, 89(1): 47-57.

Nações Unidas (2010). Relatório sobre os Objectivos de Desenvolvimento do Milénio. Nações Unidas, Nova Iorque, pp 52-65.

Nações Unidas (2013). Relatório sobre os Objectivos de Desenvolvimento do Milénio. Relatório do grupo de trabalho sobre o fosso entre os ODM de 2013: O desafio que enfrentamos. Nações Unidas, Nova Iorque, 100 p.

Vaara, T.; Vaara M.; e Niemela S. (1979). Dois métodos melhorados para obter culturas axénicas de cianobactérias. Journal of Applied and Environmental Microbiology, 38(5): 1011-1014.

Vasconcelos, V. M. e Pereira, E. (2001). Diversidade e toxicidade de cianobactérias numa estação de tratamento de águas residuais (PORTUGAL). Water Research, 35(5): 1354-1357.

Vidal, L. e Kruk, C. (2008). Cylindrospermopsis raciborskii (cianobactéria) estende sua distribuição até a Latitude 34°53'S: Caraterísticas taxonómicas e ecológicas em lagos eutróficos uruguaios. Revista Pan-Americana de Ciências Aquáticas, 3(2): 142151.

Wacklin, P. (2006). Biodiversidade e filogenia de cianobactérias planctônicas em lagos de água doce temperados. Dissertação académica em Microbiologia. Departamento de Química Aplicada e Microbiologia Universidade de Helsínquia, Finlândia. 77 p.

Ward, D. M.; Bateson, M. M.; Ferris, M. J.; Kühl, M.; Wieland,

B, **Koeppel, A.; e Cohan, F. M. (2006).** Ecótipos de cianobactérias na comunidade do tapete microbiano de Mushroom Spring (Yellowstone National Park, Wyoming) como unidades semelhantes a espécies que ligam a composição, estrutura e função da comunidade microbiana. Philosophical Transactions of the Royal Society B , 361: 1997-2008.

Whitton, B.A. e Potts, M. (2002). The ecology of cyanobacteria- their diversity in time and space, 3 rd ed., Kluwer Academic Publishers, 1-340.

OMS. (1963). International standards for drinking water 2nd ed., OMS, Genebra.

Wilmotte, A.; Fernandez-Carazo, R.; Hodgson, D. A. e Convey P. (2011). Baixa diversidade de cianobactérias em biótopos das montanhas transantárcticas e da faixa de Shackleton (80-82°C), Antárctica. Federação Europeia de Microbiologia.

Wilmotte, A.; Grubisic, S.; Balthasart, P.; Hodgson, D. A.; Laybourn-Parry J.; e Taton, A. (2006). Distribuição biogeográfica e gamas ecológicas de cianobactérias bentónicas em lagos do Antártico Oriental. Federação das Sociedades Europeias de Microbiologia: Microbiology Ecology, 57: 272289.

Wilmotte, A.; Grubisic, S.; Brambilla, E.; De-Wit, R.; e Taton, A. (2003). Diversidade de cianobactérias em tapetes microbianos naturais e artificiais do Lago Fryxell (Mc Murdo Dry Valleys, Antárctica): Uma abordagem morfológica e molecular. Applied and Environemtal Microbiology, 69(9): 5157 - 5169.

Wua, X.; Jieqiong Jianga, Yi Wana, John P. Giesy, e Jianying H. (2012). As florações de cianobactérias produzem ácidos reticónicos teratogénicos. Revista Pan-Americana de Ciências Aquáticas, Ciência Ambiental, 6 p.

Printed by Books on Demand GmbH, Norderstedt / Germany